インプレス R&D ［NextPublishing］

技術の泉 SERIES
E-Book / Print Book

Raspberry Pi ではじめる
DIYスマートホーム

yagitch 著

ラズパイとスマスピ＆Hueで
DIYおうちハック！

impress R&D
An impress Group Company

技術の泉 SERIES

目次

はじめに ・・ 5

本書が対象とする読者 ・・ 5

本書の内容 ・・・ 5

本書の動作確認環境 ・・・ 6

    ハードウェア ・・ 6

    ソフトウェア ・・ 6

ウェブ公開データ ・・・ 6

免責事項 ・・・ 6

表記関係について ・・・ 7

底本について ・・・ 7

第1章　我が家の例 ・・ 9

1.1　物理構成 ・・・ 9

1.2　論理構成 ・・ 11

第2章　スマートホームを作る：基本編 ・・・・・・・・・・・・・・・・・・・・・・・・・ 12

2.1　用意するもの ・・ 12

2.2　Node-REDを起動する ・・・・・・・・・・・・・・・・・・・・・・・・・・・・・・・・・・・・・ 14

2.3　Node-RED Alexa Home Skill Bridge へ登録 ・・・・・・・・・・・・・・・・ 15

2.4　Node-RED Alexa Home Skill Bridgeでデバイスを追加 ・・・・・・・・ 16

2.5　AlexaアプリでNode-REDスキルをインストール ・・・・・・・・・・・・ 19

2.6　Hue の設定を確認 ・・ 33

2.7　Node-RED に Alexa のノードを追加 ・・・・・・・・・・・・・・・・・・・・・・・ 35

2.8　Node-REDでAlexaとスクリプトを接続 ・・・・・・・・・・・・・・・・・・・・ 38

2.9　動作確認 ・・・ 44

第3章　スマートホームを作る：応用編1 ··· 45

3.1　シーリングライトとHueを連動させる ··· 45
3.1.1　用意するもの ·· 45
3.1.2　Nature Remoのアクセストークンの発行 ··· 47
3.1.3　コマンドラインでNature Remoを操作する ··· 47
3.1.4　Alexa ブリッジの設定 ··· 48
3.1.5　シェルスクリプトの作成 ··· 50
3.1.6　Node-RED の設定 ·· 52
3.1.7　動作確認 ·· 54

3.2　照明の切り替えをスケジュールする ··· 54

3.3　音声コマンドでシャットダウンする（スピーカーとの接続） ··················· 55
3.3.1　用意するもの ·· 56
3.3.2　スピーカーとの物理接続 ··· 56
3.3.3　シェルスクリプトの編集 ··· 56
3.3.4　piユーザーにパスワードなしでシャットダウンを許可する ····················· 57
3.3.5　Alexa と Node-RED の接続 ··· 58

3.4　外出時に電気を消す（外出中フラグを立てる） ······································· 63
3.4.1　Alexa と Node-RED の接続 ··· 64
3.4.2　シェルスクリプトの作成 ··· 65
3.4.3　Node-REDで接続 ·· 66
3.4.4　動作確認（home.sh） ··· 67
3.4.5　在宅管理システムを照明に適用 ··· 68
3.4.6　動作確認（macro.sh） ·· 69

3.5　帰宅時に電気を付ける（Bluetoothポーリング） ····································· 69
3.5.1　用意するもの ·· 70
3.5.2　Bluetooth ポーリングできるか確認 ·· 70
3.5.3　シェルスクリプトの作成 ··· 70
3.5.4　動作確認 ·· 73

3.6　リモコンでトリガーを引く（LIRCを使う） ·· 73
3.6.1　用意するもの ·· 73
3.6.2　LIRC の導入 ·· 74
3.6.3　GPIO に赤外線センサーを接続 ·· 76
3.6.4　動作確認（赤外線センサーの接続確認） ·· 78
3.6.5　リモコンの学習 ·· 79
3.6.6　動作確認（リモコン信号の記憶） ··· 82
3.6.7　動作確認（記憶したリモコン信号でコマンド実行） ································· 84

第4章　スマートホームを作る：応用編2 ··· 85

4.1　NFCでトリガーを引く ··· 85
　　4.1.1　用意するもの ··· 85
　　4.1.2　シェルスクリプトの作成 ··· 87
　　4.1.3　動作確認 ··· 88
　　4.1.4　スクリプトの常時待ち受け ··· 88

4.2　合成音声におしゃべりさせる（OpenJTalk を使う） ··························· 89
　　4.2.1　シェルスクリプトの作成 ··· 89
　　4.2.2　動作確認 ··· 90

4.3　音声を使わずにAlexaを操作する（OpenJTalk の応用） ······················ 90

4.4　定時に気温・湿度を声でお知らせする（netatmo のデータ取得） ·············· 91
　　4.4.1　netatmo connect の情報を取得 ·· 91
　　4.4.2　シェルスクリプトの作成 ··· 92

4.5　毎日同じ時間に自動でカーテンを開ける ······································· 95
　　4.5.1　用意するもの ··· 96
　　4.5.2　Switchbotの導入 ··· 96
　　4.5.3　動作確認 ··· 100

4.6　日の出の時刻に合わせて自動でカーテンを開ける ···························· 102

4.7　夜7時になるとNHKニュースを流す ··· 105
　　4.7.1　シェルスクリプトの作成 ··· 105
　　4.7.2　動作確認 ··· 106
　　4.7.3　cron への登録 ··· 107

4.8　Webスクレイピングをして大気汚染情報を教えてもらう（Pythonライブラリを活用す
る） ·· 108

4.9　Webスクレイピングをしてバスの接近情報を教えてもらう ···················· 110

おわりに ··· 113

謝辞 ·· 113

はじめに

　本書をお手にとっていただきありがとうございます。

　本書は一言でいうと『実際に運用して検証済みの、Raspberry Piを活用したDIYスマートホームの実例集』です。私は2015年頃からひとり暮らしの自宅をスマートホーム化するようになりました。初めは余ったタブレットデバイス上のアプリを使用したり、市販のIoTデバイスの想定利用シーンだけに閉じたような使い方をしていましたが、そういったデバイスが増えてくるにつれ、お互いを連動させてより自分の生活ニーズに沿った使い方を模索するようになりました。その集大成として、私の現在の自宅と同じようなスマートホームのシステムを作るための手引きとして執筆したのが本書です。

　私はこれまでさまざまな試行錯誤を行ってきましたが、後に続こうとする人がそういった試行錯誤をある程度省略できることを願って本書を書きました。私がスマートホーム化をはじめた頃は書店の電子工作関連の売り場には家電や家庭用の照明器具を対象にしたものは少なく、一方でIoT関連の売り場にも家庭でDIYするような発想の具体的なものは少なかったです。しかし2019年現在ではIoT家電やスマートスピーカーといったスマートホーム関連製品が多く登場していますし、それらを互いに組み合わせて生活を改善していくアイデア集のような本も売り場にたくさん並ぶようになりました。

　本書はそんな「IoTデバイスを互いに組み合わせてスマートホームを作るアイデア集」のひとつです。私も実際に、それらの本の中からアイデアを拝借して試行錯誤してきました。詳しい人から見れば、本書の内容にはあまり新規性や驚きはありません。書店に並ぶスマートホーム化のアイデア集を見たり、よく調べる力があればウェブ上から拾ってこられるような知識ばかりです。

　しかし、ひとつの家で継続的にIoTデバイスを次々と導入し、それに合わせてプログラムを書いたり調整をしながら改善を繰り返し、ひとつの実例として本の形で全体公開した例はないのではないかと思います（あったらすみません）。

本書が対象とする読者

　本書は、ひらたくいうと「使っていないRaspberry Piが足下に転がっているようなご家庭」を対象にしています。遊べると思って購入して、初めはいじっていたはいいものの、特に活用法も思いつかなくて放置している貴方こそ、ドンピシャの読者です。したがってRaspberry Piの基本的な使い方や、Raspbianをインストールしたりする方法は本書では解説しません。すでに動く状態にあるものとして説明していきます。サンプルコードは主にシェルスクリプトで、少しだけPythonを使っています。コピー＆ペーストでも動くように動作確認はしていますが、何かトラブっても自力解決できる力が求められます。とりあえず困ったらググりましょう。

本書の内容

　本書は、Raspberry Piのようなマイクロボードコンピュータを利用して、さまざまな家電や照明

はじめに　5

を自動で動かす仕組みをつくるためのガイドです。

「第1章：我が家の例」では実際に動いている我が家の状況を見ていただきます。本書にはあとでさまざまなスマートホームのレシピが出てきますが、すべて実現させるとこの状態になるというゴールです。

「第2章：スマートホームを作る：基本編」では、まず最小構成となるシステムを作り上げる方法を説明します。本書のタイトルでは"Raspberry Piではじめる"とついていますが、ほかにAmazon Echo dotなど（Alexaデバイス）も必要になり、本当に一から始める場合は最小構成だけで5万円程度が必要になります。

「第3章：スマートホームを作る：応用編1」とそれに続く第4章では、第2章で作り上げたシステムにさまざまな機能を付加していきます。それぞれの機能には依存関係がありますが、説明の順番に作っていけばうまくゴールである「第1章：我が家の例」の状態になるようになっています。

本書でもっとも力を入れたのはこの第3章と第4章です。スマートホームをすでに自力で作ろうと思っている上級者の方であれば、第3章と第4章の目次がもっとも重要な部分となるでしょう。この内容でインスピレーションを感じることがなければ、もう本書でお伝えできることはありません。

それでは、楽しいDIYスマートホームの世界を見ていきましょう。

本書の動作確認環境

ハードウェア

・Raspberry Pi 3 Model B

ソフトウェア

・Raspbian Buster Lite - Version July 2019（2019-09-26版）
・Node 10.17.0
・Npm 6.13.0
・Node-RED 1.0.2
・node-red-contrib-alexa-home-skill 0.1.17

その他、2019年11月8日時点の最新のパッケージを使用しています。

ウェブ公開データ

本書で紹介しているスクリプトはコピー＆ペースト用に次のページからダウンロードできます。また、本書内で使用している動作確認音などの音声データも公開しています。

https://github.com/yagitch/book-rpi-smarthome-sample

免責事項

本書に記載された内容は、情報の提供のみを目的としています。したがって、本書を用いた開発、

製作、運用は、必ずご自身の責任と判断によって行ってください。これらの情報による開発、製作、運用の結果について、著者はいかなる責任も負いません。

表記関係について

本書に記載されている会社名、製品名などは、一般に各社の登録商標または商標、商品名です。会社名、製品名については、本文中では©、®、™マークなどは表示していません。

底本について

本書籍は、技術系同人誌即売会「技術書典7」で頒布されたものを底本としています。

第1章 我が家の例

　我が家のスマートホームのシステムは2015年頃に始まりました。照明を付けたり消したりするもっとも基本的な部分はもう4年以上使っていることになります。

1.1 物理構成

図1.1: 上から見た我が家の配置図

配置図にあるもののうち、本書で使用するものは以下です。

・Raspberry Pi
・Amazon Echo dot
・netatmo Weather Station
・Philips Hue
・Nature Remo
・シーリングライト
・iPhone（MACアドレスの分かるスマートフォンとして）

・Bluetooth スピーカー

以下は本書では説明しません。(紙幅の都合で省略しました……)

・エアコン
・扇風機
・TV セット（DAC/液晶ディスプレイ/HDD レコーダ/パッシブスピーカー）
・HUIS
・Fitbit Versa
・Fitbit Aria
・ノート PC
・ルータ（家庭内 LAN は初めから存在するものとして説明します）

図 1.2: Raspberry Pi の実際の配置状態

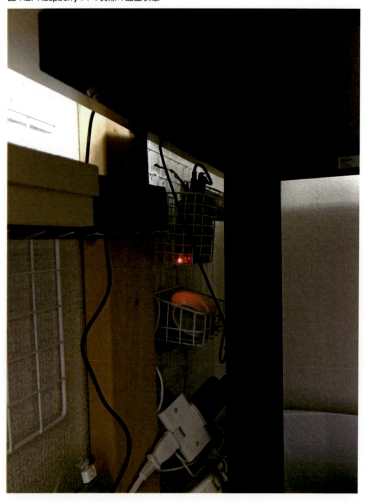

デスクの足下の埃っぽいところに置いています。支えているのは100均のワイヤーネットと、ワイヤーネット素材の小物入れです。電源はややタコ足配線気味になっていますが気にしないでおき

ましょう。

1.2 論理構成

司令塔としてRaspberry Piがあり、すべての命令をここで集約しています。

図1.3: 論理構成図

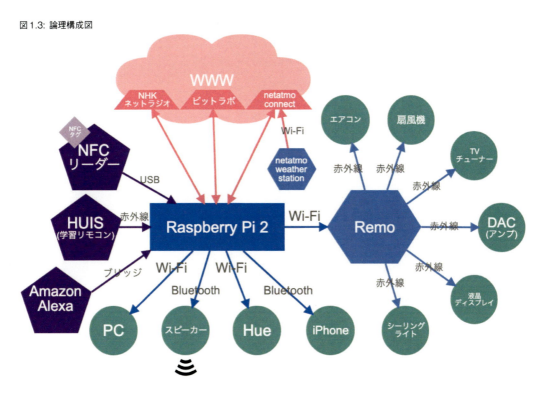

Raspberry Piが何らかのアクションをするとき、トリガーは4つあります。
・Alexaによる音声入力
・赤外線リモコンのボタンプッシュ
・NFCタグのタッチ
・スケジューラ（cron）

第2章 スマートホームを作る：基本編

　まずは最小構成となるシステムを作っていきましょう。手順どおりに進めば、このような構成のシステムができあがります。ちなみに、こういうことをしなくても標準でAlexaからアプリ経由でHueを操作すること自体は可能です。しかし本書で説明していくさまざまな機能を実現するためには、まずこの段階を作ることが必要です。

図2.1: 論理構成図

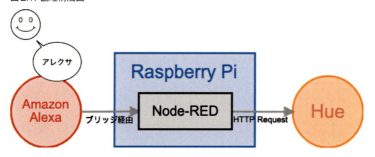

・「アレクサ、ライトをオンにして」→Hueの明かりが点く
・「アレクサ、ライトをオフにして」→Hueが明かりが消える
　我が家は1Kのひとり暮らしなのでリビングと寝室の区別がありませんが、それぞれ別の部屋にしている場合はまずリビングの照明で作ってみましょう。

2.1 用意するもの

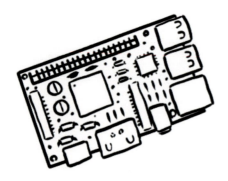

Raspberry Pi

家庭内LANに有線または無線で接続できること。どのバージョンでもOKです。ネットワーク接続できて常時起動できるならPCや他のシングルボードコンピュータに置き換えることも可能です。本書ではRaspberry Pi 3とRaspbian OSの構成を念頭に解説していきます。

Alexa デバイス

我が家ではAmazon Echo dotを使用しています。Alexaが使えればサードパーティ製または上位機種（Amazon EchoやAmazon Echo Plus）でも可。初期セットアップはできているものとして以降説明します。

Philips Hue

最低でもHue Bridge 1個とHue電球1個以上の組み合わせが必要です。はじめて購入するなら、ホワイトグラデーションスターターキットが安くてお薦めです。Hue Bridgeは本書の説明の限りにおいては旧バージョン（初代）のでも可（HTTP APIのみ使用します）。初期セットアップはできているものとして以降説明します。

2.2 Node-REDを起動する

Raspberry Piの標準 OS のひとつであるRaspbianには初期インストール状態で Node-REDが入っています。

Raspbianに GUI環境が入っている場合はメニューの中にある Node-REDアイコンから起動して、ブラウザーから http://localhost:1880/ でアクセス可能になります。GUI環境を使わずコンソールで操作する場合は node-red-start コマンドで起動するか、systemctl コマンドで自動起動を有効にすればLAN内の他ノードのブラウザーから1880番ポートにアクセス可能になります。ここではコンソール向けのセットアップ方法をご紹介します。

もしRaspbianを入れたばかりでまだNode-REDを起動していなければ、まず一度Node-REDの更新を行います。

```
$ sudo apt update
$ sudo apt upgrade
$ bash <(curl -sL https://raw.githubusercontent.com/node-red/raspbian-deb-
package/master/resources/update-nodejs-and-nodered)
```

このコマンドでNode.jsやNode-REDなどをまとめて最新の状態にしてくれます。10分ほど掛かります。完了したらNode-REDを起動します。

```
$ sudo systemctl start nodered
$ sudo systemctl enable nodered
```

Raspberry PiのプライベートIPアドレスを確認します。

```
$ ip a
1: lo: <LOOPBACK,UP,LOWER_UP> mtu 65536 qdisc noqueue state UNKNOWN group
default qlen 1000
   link/loopback 00:00:00:00:00:00 brd 00:00:00:00:00:00
   inet 127.0.0.1/8 scope host lo
      valid_lft forever preferred_lft forever
   inet6 ::1/128 scope host
      valid_lft forever preferred_lft forever
 2: eth0: <NO-CARRIER,BROADCAST,MULTICAST,UP> mtu 1500 qdisc pfifo_fast state
DOWN group default qlen 1000
   link/ether xx:xx:xx:xx:xx:xx brd ff:ff:ff:ff:ff:ff
 3: wlan0: <BROADCAST,MULTICAST,UP,LOWER_UP> mtu 1500 qdisc pfifo_fast state
UP group default qlen 1000
   link/ether xx:xx:xx:xx:xx:xx brd ff:ff:ff:ff:ff:ff
   inet 192.168.0.239/24 brd 192.168.0.255 scope global wlan0
      valid_lft forever preferred_lft forever
   ...（省略）...
```

14 ｜ 第2章　スマートホームを作る：基本編

確認したIPアドレスの1880番ポートに、LAN内の他のPCからブラウザーで接続します。Node-REDの初期画面(図2.2)が表示できたら次に進みます。ここまでで分からないことがあれば、Node-RED公式の解説記事[1]をご覧ください。とても分かりやすいです。

図2.2: Node-RED の初期画面

2.3 Node-RED Alexa Home Skill Bridge へ登録

次のサイトにアクセスし、ユーザー登録します。これはAlexaからNode-REDに命令を伝えるためのブリッジです。アカウントの登録・維持に費用はかかりません。個人で運営されているようです。

https://alexa-node-red.bm.hardill.me.uk/

1.https://nodered.jp/docs/hardware/raspberrypi

図 2.3: Node-RED Alexa Home Skill Bridge のトップページ

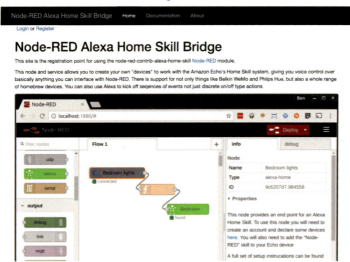

「Register」をクリックするとユーザー登録画面が出てきます。登録が完了するとログイン状態になります。

図 2.4: Node-RED Alexa Home Skill Bridge の新規ユーザー登録画面

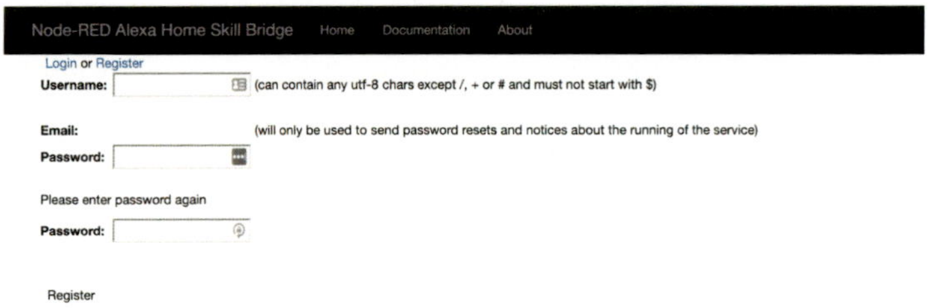

2.4　Node-RED Alexa Home Skill Bridgeでデバイスを追加

「Devices」画面に移動すると、ブリッジして動かすためのデバイス追加ができます。

図2.5: 初期状態の Devices 画面

まずは照明を追加してみましょう。「Add device」をクリックすると「Add new device」と書かれた入力画面がポップアップします。

図2.6: Add new device 画面

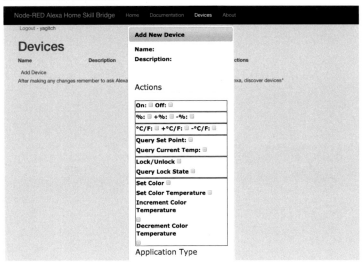

次のように入力します。

Name
ライト

Description
Hue とシーリングライトを操作します

Actions
On と Off にチェックを入れる

Application Type

LIGHT にチェックを入れる

図2.7: 入力している画面

ここで名付けたものが実際にAlexaに呼びかけるスキル名になります。ここでは「ライト」と名付けたので「アレクサ、ライトをオンにして」などと命令することになります。"明かり"や"照明"といった分かりやすい別の単語にしてもかまいません。（もちろん、複数設定を入れて、どのように言っても反応するようにもできます）

入力が完了するとこのような画面になります。

図2.8: 入力完了画面

2.5 AlexaアプリでNode-REDスキルをインストール

スマートフォン（iOSまたはAndroid）でAlexaアプリを起動します。
（※本書ではiOS版アプリの画像を使っていますが、Android版も利用可能です）

図2.9: メニューを開いたところ

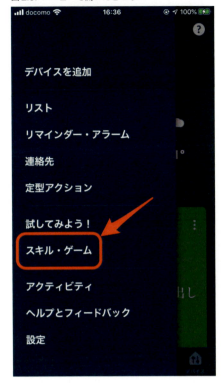

メニューから「スキル・ゲーム」画面に移動します。

第2章　スマートホームを作る：基本編　19

図 2.10:「スキル・ゲーム」画面

右上にある検索アイコンをタップします。

図2.11: スキル検索結果画面

検索欄に「Node-RED」と入力すると、検索結果が表示されます。

図2.12: Node-RED スキル画面

Node-REDスキルを選択して「有効にして使用する」をタップします。

図2.13: Node-RED Alexa Home Skill Bridge の認証画面

続いて、Node-RED Alexa Home Skill Bridgeの認証画面が表示されるので、ユーザー名とパスワードを入力します。

図2.14: リンク完了画面

認証が通れば「正常にリンクされました」と表示されます。左上の「完了」をタップしてブラウザーを閉じます。

図2.15: 端末の検出画面

「端末の検出」画面が表示されますので「端末の検出」をタップします。

図2.16: 端末の検出中の画面

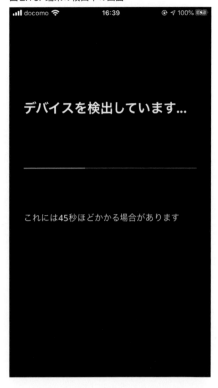

しばらく検出中の画面が表示されます。30〜40秒ほどかかります。

図 2.17: デバイスが追加された画面

うまく検出されれば、1台以上のデバイスが見つかります。「デバイスをセットアップ」をタップします。

図2.18: グループ追加画面

グループに追加するか聞かれますが、ここでは画面をスキップしましょう。

図2.19: セットアップ完了画面

完了画面が表示されるので「終了」をタップします。

図2.20: 「デバイス」画面

デバイス一覧の画面に戻るので、「照明」をタップして一覧に追加されているか確認してみましょう。

図2.21: 照明の一覧表示画面

表示されていますね。

第2章　スマートホームを作る：基本編

図2.22: 「ライト」のコントロール画面が表示されたところ

「ライト」をタップするとこのような画面が表示されます。音声入力しなくてもこの画面からHueをオンオフすることもできます。まだ設定は完了していないのでこの状態では動きません。

図2.23: 「ライト」の設定画面が表示されたところ

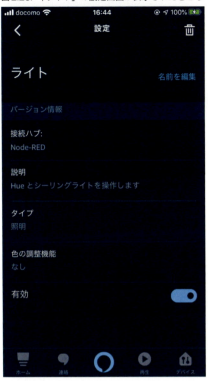

なお、右上の設定アイコンをタップすると、このようにNode-RED Alexa Home Skill Bridgeで設定した説明文などが表示されます。

2.6　Hueの設定を確認

HueのAPIを叩くためにHueのIPアドレスとIDを確認します。LAN内でブラウザーから次に接続すると、IDとプライベートIPアドレスが返ってきます。

接続先：https://www.meethue.com/api/nupnp

リスト2.1: 結果の例

```
[{"id":"002188fcc8b23d02","internalipaddress":"192.168.0.243"}]
```

図2.24: ブラウザーの画面

```
[{"id":"                    ","internalipaddress":"192.168.0.243"}]
```

続いて、HueのAPIを叩いてみます。

第2章　スマートホームを作る：基本編　33

http://[Hue BridgeのIPアドレス]/debug/clip.html

図2.25: HueのAPIデバッグ画面

APIデバッグ画面が表示されます。

URL欄に「/api」、Message Bodyに「{"devicetype":"RaspberryPi"}」でPOSTを押すと

リスト2.2: 結果の失敗例

```
[
    {
        "error": {
            "type": 101,
            "address": "",
            "description": "link button not pressed"
        }
    }
]
```

となって失敗します。Hue Bridgeのリンクボタンを押してから再実行すると

リスト2.3: 結果の成功例

```
[
    {
        "success": {
            "username": "XXXXXXXX"
        }
    }
]
```

となって成功します。この返ってきたusernameをメモしておきます。

続いて、

URL：/api/[username]/groups/0/action

Message Body：{"on":true}

を指定してPUTを押すとHueにON信号が送信されます。Message Bodyが{"on":false}だとOFF信号が送信されます。

詳しくはHueのAPIユーザー登録の手順[2]を参照してください。

2.7　Node-RED に Alexa のノードを追加

Node-REDの画面上でAlexaと回路をつなげていきます。初期状態ではAlexaに関係するノードがないので、追加します。

図2.26: Node-RED の初期画面

右上のハンバーガーアイコンからメニューを開きます。

2.https://developers.meethue.com/develop/get-started-2/

図 2.27: Node-RED のメニューを開いたところ

「パレットの管理」を選択します。

図 2.28: ノードを追加を選択したところ

「ノードを追加」タブを選択し、検索欄に「alexa」と入力します。

図 2.29: alexa で絞り込んだところ

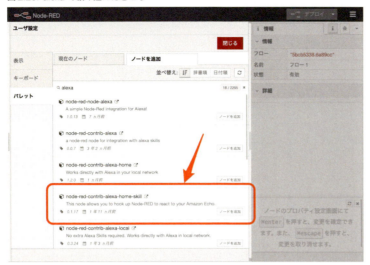

　Alexa に関係するモジュールが絞り込まれます。「node-red-contrib-alexa-home-skill」というモジュールを見つけたら、「ノードを追加」を選択します。

図 2.30: 警告画面が表示されたところ

　警告画面を確認して「追加」を選択します。

図2.31: 追加完了画面が表示されたところ

追加が完了すると「ノードをパレットへ追加しました」と表示されます。

図2.32: パレットにAlexaが追加されたところ

「閉じる」を選択して設定画面を閉じると、左側のパレット画面の一番下にAlexaに関連するノードがふたつ追加されています。

2.8 Node-REDでAlexaとスクリプトを接続

続いて、Alexaと回路をつなげていきます。

図2.33: alexa home がフローに追加されたところ

　パレットにある「alexa home」を画面中央部のフロー部分にドラッグ＆ドロップすると、ノードが追加されます。追加した「alexa home」ノードをダブルクリックしてノード編集画面を表示します。

図2.34: alexa home の編集画面が表示されたところ

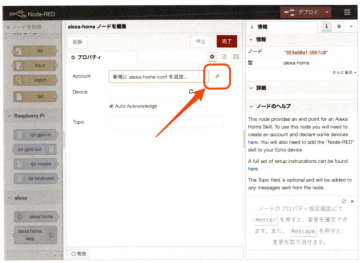

「Account」の鉛筆アイコンを選択します。

図 2.35: 認証画面が表示されたところ

　ユーザー名とパスワードを入れる画面が出てくるので、Node-RED Alexa Home Skill Bridge のユーザー名とパスワードを入力します。

図 2.36: 追加したデバイス名が表示されたところ

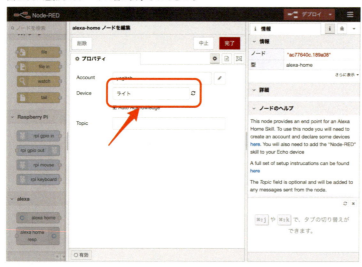

　「更新」を選択すると Account 欄にユーザー名が表示され、Device 欄には Node-RED Alexa Home Skill Bridge のサイトで追加したデバイス名、「ライト」が表示されます。もし出ない場合はいったんプロパティ画面を開き直してみてください。確認できたら「完了」を選択します。

図2.37: プロパティ画面を閉じたところ

ノード名が「ライト」へと変わっています。

図2.38: 各ノードが追加され、接続されたところ

続いて、パレットから「switch」「template」「http request」の各ノードをフローにドラッグして、このように繋ぎます。（switchノードの分岐先の追加方法は後述）

第2章　スマートホームを作る：基本編　41

図 2.39: switch ノードのプロパティ画面

　ノードをダブルクリックしてそれぞれのプロパティを編集します。まずは「switch」ノードです。このノードは switch 文や if 文のように条件分岐をするノードです。Alexa のノードからは ON にするときは true、OFF にするときは false がペイロードに設定されて流れてくるので、条件分岐させます。初期状態だと分岐先がひとつしか出ませんが、プロパティ左下の追加ボタンで条件を追加してやればふたつ以上に増やすことができます。

　次のように設定します。

・is true → 1
・is false → 2

図 2.40: template ノード (true 側) のプロパティ画面

　次のように設定します。

42　第 2 章　スマートホームを作る：基本編

- プロパティ：msg.payload
- テンプレート：{"on":true}

図2.41: template ノード(false 側)のプロパティ画面

次のように設定します。
- プロパティ：msg.payload
- テンプレート：{"on":false}

図2.42: http request ノードのプロパティ画面

次のように設定します。
- メソッド：PUT
- URL：http://192.168.0.243/api/[username]/groups/0/action

IPアドレスは2.6で"internalipaddress"として返されたIPアドレスを使用します。ここでは、IPアドレスを「192.168.0.243」としています。

URLは同じく2.6で実行確認が取れたAPIのURLを指定してください。

以上の設定が終わったら、プロパティ画面を閉じて、右上にある「デプロイ」を選択します。その後、「ライト」ノードの下に小さく「disconnected」と表示されますが、しばらく待つと「connected」に変わります。この状態になっていなければ、Alexaと接続状態ではないので、Alexaアプリ、ブリッジ、Node-REDの間で何らかの設定を間違えている可能性があります。

2.9 動作確認

Alexaデバイスに「アレクサ、ライトをオンにして」と話しかけてください。正しく反応すれば動作確認音が鳴ってHueが点きます。

もし「すみません、よく分かりません」などと返答されたり、反応音がしても何も返してくれない場合は正しく聞き取れていません。私の実感では、Alexaデバイスはいちいち声を張らず小声でボソボソ言っても拾って反応してくれます。

あるいは「ライトが見つかりません」と返答されたらスキルがAlexaデバイスに正しく設定されていません。たとえばひらがなで「らいと」と設定すると「すみません、ライトというデバイスを見つけられませんでした」と言われて失敗します。推測ですが、Alexaの持っている辞書表記に一字一句合わないと見つからない扱いになるのではないかと思います。

Hueが点いたのを確認できたら「アレクサ、ライトをオフにして」と話しかけます。Hueの明かりが消えたらこの章のゴールです。これで暗闇の中でもAlexaに話しかけるだけで明かりを付けることができ、手元にHue対応デバイス（純正スイッチやスマートフォンのHueアプリ）がなくても明かりを消すことができます。ひとつ便利になりましたね。

ちなみに、ここではHueに点灯のための最低限のメッセージしか送っていませんので、点灯する色や明るさは直前の点灯状態と同じになります。ここを変更したければ「template」ノードのJSONをHueの仕様にしたがって変更する必要があります。

第3章では、この最小構成システムを前提に、さらにあなたの家を便利にしていくためのTipsを説明していきます。

44 ┃ 第2章 スマートホームを作る：基本編

第3章　スマートホームを作る：応用編1

　ここからは、第2章で作った最小構成のシステムにさまざまな機能を盛り込んでいきます。追加で必要なハードウェアがある場合もありますので、それも合わせて説明します。

3.1　シーリングライトとHueを連動させる

　いくらHueが便利でも、家の照明をすべてHueに置き換えている人は珍しいと思います。Hue単体では部屋が暗くなってしまうので、Hueと一緒に既存のシーリングライトを使用されている方が多いかもしれません。ただ、Hueとシーリングライトを別々に操作するのは煩雑で、何のために高価な電球を導入したのか分からなくなっちゃいますよね。そこで、Hueを点けたときはシーリングライトを消し、シーリングライトを点けたときはHueを消すような連動制御をしたいと思います。イメージとしては、「アレクサ、ライトを100（パーセント）にして」でシーリングライトが点き、「アレクサ、ライトを50（パーセント）にして」でシーリングライトが消え、代わってHueが点くような感じです。「アレクサ、ライトをオフにして」でどちらの照明が点いていようと消えます。

3.1.1　用意するもの

・Nature Remo
　既にRemoアプリを使用して、シーリングライトのリモコン信号の学習が完了しているものとします。

・シーリングライト用リモコンスイッチ（※必要であれば）

もしシーリングライトがリモコン対応していなければ、このリモコンスイッチが使えます。我が家はリモコン対応していないため、この機器を間に挟んでリモコン制御可能にしています。ただ、発泡スチロールなどでスペーサーを入れないとシーリングライトの固定状態が不安定になりますので注意してください。

図3.1: 構成図と命令の流れ

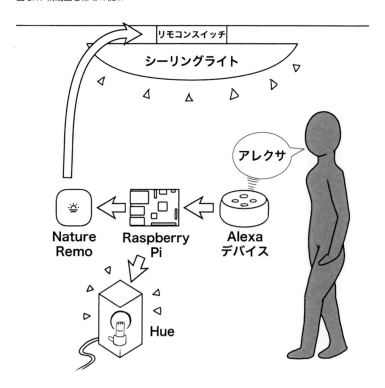

3.1.2　Nature Remoのアクセストークンの発行

次のサイトにアクセスして、Nature Remoのアクセストークンを発行します。

https://home.nature.global/

発行したら、一度しか表示できませんので、どこかにメモして厳重に管理してください。

続いて、APIに接続して動作確認します。

```
$ curl -X GET "https://api.nature.global/1/users/me" -H "accept:
application/json" -H "Authorization: Bearer ****"
```

このとき、Authorization: Bearer [AccessToken]の形式でアクセストークンを指定します。

```
$ curl -X GET "https://api.nature.global/1/users/me" -H "accept:
application/json" -H "Authorization: Bearer ****"
  {"id":"109b5880-1a35-2fdd-f5cd-102acc0e3fc1","nickname":"yagitch"}
```

このようにユーザー名が返ってくることを確認します。これで正常にAPIにアクセスできました。

3.1.3　コマンドラインでNature Remoを操作する

まずjqをインストールします。

```
$ sudo apt install jq
```

続いてAPIからリモコン設定を取得します。

```
$ curl -X GET "https://api.nature.global/1/appliances" -H "accept:
application/json" -H "Authorization: Bearer ****" | jq
  % Total    % Received % Xferd  Average Speed   Time    Time     Time  Current
                                 Dload  Upload   Total   Spent    Left  Speed
 100  5625  100  5625    0     0   6406      0 --:--:-- --:--:-- --:--:--
6399
  [
    {
      "id": "ac873f0d-e2fa-4374-c990-c3br81042dce",
      "device": {
        "name": "Remo",
        "id": "b4e16c0d-53fa-d004-c8ba-cc2a59b8de42",
        "created_at": "2019-06-22T03:15:30Z",
        "updated_at": "2019-09-15T03:18:39Z",
        "mac_address": "84:f3:c9:11:0b:a4",
        "serial_number": "1W219010000001",
        "firmware_version": "Remo/1.0.77-g526349c",
        "temperature_offset": 0,
```

```
        "humidity_offset": 0
      },
  ...(省略)...
    "model": null,
    "type": "IR",
    "nickname": "シーリングライト",
    "image": "ico_fan",
    "settings": null,
    "aircon": null,
    "signals": [
      {
        "id": "2f40bc07-0ed6-460c-8bc9-84bcf99aa11c", ←このIDを取り出す
        "name": "電源",
        "image": "ico_io"
      },
  ...(省略)...
```

　既に設定されているリモコン設定が一覧表示されます。jqによってJSONは整形された状態で表示されます。

```
$ curl -X POST "https://api.nature.global/1/signals/2f40bc07-0ed6-460c-8bc9
-84bcf99aa11c/send" -H "accept: application/json" -H "Authorization: Bearer
****"
```

　一覧表示の中から任意の信号のIDを取り出して設定すると、信号を送ることができます。
　この要領で、シーリングライトの電源ON信号と電源OFF信号の両方がコマンドラインで操作可能であることを確認します。

3.1.4　Alexa ブリッジの設定

　Node-RED Alexa Home Skill Bridgeの設定を編集します。「Devices」ページにはすでに第2章で追加した「ライト」の設定があると思いますので、これを再利用します。第2章ではONとOFFの二段階でしたが、これをON（シーリングライト）、ON（Hue最大輝度）、ON（Hue最小輝度）、OFFの四段階にします。そのために調光設定を使います。「Edit」を選択し、図のようにActionsの2段目にある「%」のチェックを入れます。続いて「OK」で確定します。

48　　第3章　スマートホームを作る：応用編1

図3.2: 「ライト」の設定編集画面

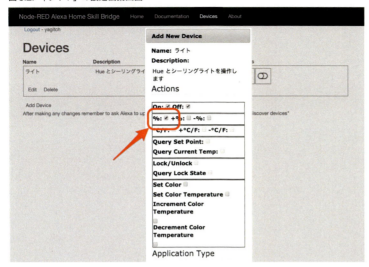

　続いて、スマートフォンのアプリの設定を更新します。放っておいても Node-RED Alexa Home Skill Bridge で行った変更は反映されないので、いったん「ライト」デバイスを削除して再び「デバイスの追加」をタップすることで、認識し直します。2.5で説明したデバイスの検出手順を参照してください。

図3.3: 更新された後の「ライト」の詳細画面

第3章　スマートホームを作る：応用編1　49

3.1.5 シェルスクリプトの作成

すべてのフローをNode-REDに記述すると煩雑になるので、手っ取り早くシェルスクリプトを使うことにします。ここではふたつのshファイルを用意します。メンテナンス性のためにふたつに分割していますが、ひとつで記述してもOKです。

```
$ mkdir /home/pi/auto
$ vi /home/pi/auto/curl.sh
```

リスト3.1: /home/pi/auto/curl.sh

```bash
#!/bin/bash

REMO_ACCESS_TOKEN=****
HUE_ADDRESS=192.168.0.243
HUE_USERNAME=newdeveloper

case $1 in

  light_on)
    curl -X POST "https://api.nature.global/1/signals/2f40bc07-0ed6-460c-8bc9-
84bcf99aa11c/send" -H "accept: application/json" -H "Authorization: Bearer
${REMO_ACCESS_TOKEN}"
    ;;

  light_off)
    curl -X POST "https://api.nature.global/1/signals/c8b02fb2-7b27-4ae6-a585-
b11e5be52b62/send" -H "accept: application/json" -H "Authorization: Bearer
${REMO_ACCESS_TOKEN}"
    ;;

  hue_1)
    curl -i "http://${HUE_ADDRESS}/api/${HUE_USERNAME}/groups/0/action" -X PUT
-d '{"on":true,"bri":1,"hue":13401,"sat":204}'
    ;;

  hue_2)
    curl -i "http://${HUE_ADDRESS}/api/${HUE_USERNAME}/groups/0/action" -X PUT
-d '{"on":true,"bri":254,"hue":13401,"sat":204}'
    ;;

  hue_off)
```

```
    curl -i "http://${HUE_ADDRESS}/api/${HUE_USERNAME}/groups/0/action" -X PUT
-d '{"on":false}'
    ;;
  esac
```

```
$ vi /home/pi/auto/macro.sh
```

リスト3.2: /home/pi/auto/macro.sh

```
#!/bin/bash

AUTO_HOME=/home/pi/auto

case $1 in

  light1)
    ${AUTO_HOME}/curl.sh hue_1
    ${AUTO_HOME}/curl.sh light_off
    ;;

  light2)
    ${AUTO_HOME}/curl.sh hue_2
    ${AUTO_HOME}/curl.sh light_off
    ;;

  light3)
    ${AUTO_HOME}/curl.sh light_on
    ${AUTO_HOME}/curl.sh hue_off
    ;;

  light_off)
    ${AUTO_HOME}/curl.sh light_off
    ${AUTO_HOME}/curl.sh hue_off
    ;;

  esac
```

　Raspberry Pi上にふたつのシェルスクリプトを作成したら、実行権限を付け、コマンドラインで
実行してきちんと動作することを確認しておきます。

第3章　スマートホームを作る：応用編1　51

```
$ chmod +x /home/pi/auto/curl.sh
$ chmod +x /home/pi/auto/macro.sh
$ /home/pi/auto/macro.sh light1     #Hueのみが点く（最小光量）
$ /home/pi/auto/macro.sh light2     #Hueのみが点く（最大光量）
$ /home/pi/auto/macro.sh light3     #シーリングライトのみが点く
$ /home/pi/auto/macro.sh light_off  #照明がすべて消える
```

3.1.6　Node-RED の設定

Node-REDの画面は次のように接続します。第2章で作ったフローをすべて作り替えます。

図3.4: Node-RED 上で接続した画面

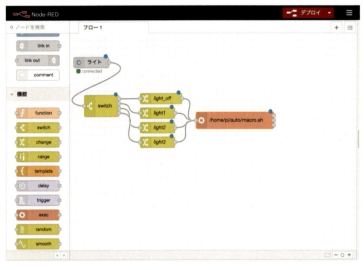

中央にある「light〜」という名前の4つのノードはchangeノードを使用しています（設定で名前を指定するとフロー図上の表示名がこのように差し替わります）。右端のノードはexecノードを使用しています。

各ノードは図のように設定してください。「ライト」ノードは第2章で設定した内容と同じです。

図 3.5: switch ノードのプロパティ画面

　上から順番に評価していき、OFF なら 1 番目のフロー、1 が指定されれば 2 番目のフロー、2〜50 が指定されれば 3 番目のフロー、それ以外は（つまり 51〜100 が指定されれば）4 番目のフローに進みます。単に ON が指定されたときは Hue が状態情報をもっているので、最後に ON だったときの状態で ON にします。パーセンテージでの指定なので 0〜100 以外の値を指定すると Alexa が「その値はライトの範囲外です」などとエラーを返します。

　一番下の項目を「最初に合致した条件で終了」にするのを忘れないようにして下さい。

図 3.6: light_off ノードのプロパティ画面

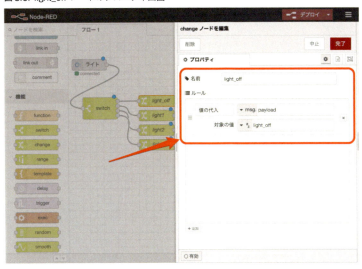

　light1〜3 ノードは light_off ノードの設定に準じるので図は省略します。

図 3.7: /home/pi/auto/macro.sh ノードのプロパティ画面

最後にデプロイします。

3.1.7 動作確認

「ライト」ノードの Connected 表示を確認して、Alexa に話しかけます。初期状態はシーリングライトも Hue も消灯している状態としましょう。「アレクサ、ライトを 100 にして」でシーリングライトが点きます。「アレクサ、ライトを 50 にして」でシーリングライトが消え、Hue が点きます。「アレクサ、ライトを 1 にして」で Hue の光量が暗くなります。そして最後に「アレクサ、ライトをオフにして」で Hue が消えます。試しにいろんな順番で命令を実行してみましょう。シーリングライトと Hue が同時に点灯することがないことや、OFF にした時に片方だけ点灯しているようなことがないことが確認できたら成功です。

3.2 照明の切り替えをスケジュールする

突然ですが、夜更かしをせずに毎日同じ時間に寝ることは重要です。スマートフォンの Hue アプリには毎日指定した時間に少しずつ明かりを暗くしていき、最後には消灯するという素敵な機能があります。しかし暗くしていくスパンを最大一時間でしか設定できない、Hue でしか使えないなど、ちょっと不便です。これをシーリングライトと連動させて、さらに任意の時間にシーリングライトから Hue へ切り替えられるようにしたいと思います。

といっても cron でシェルスクリプトを動かすだけです。これで 21 時になるとシーリングライトが消え、Hue に切り替わります。

```
$ sudo crontab -e
```

リスト3.3: crontab
```
0 21   *   *   *  /home/pi/auto/macro.sh light2
```

　我が家はHueアプリのフェードアウト機能と組み合わせて、日々の光量とスケジュールをこのような感じにしています。24時になると有無をいわさず消灯されるので夜更かし防止の強い圧力になっています。寝る時間に向けて徐々に光量が落ちるので入眠効果は高いです。

図3.8: アプリと組み合わせた点灯状態のスケジュール図

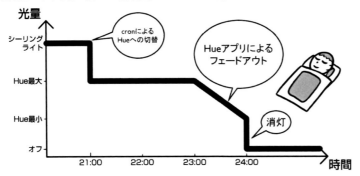

3.3　音声コマンドでシャットダウンする（スピーカーとの接続）

　Raspberry Piを設定していくにあたって、ある程度セットアップが終了して主にハードウェアを触って試行錯誤するようになると、コンソールを開かずに電源オフ（または再起動）したくなると思います。電源ケーブルを抜き差しすれば電源オフ（または再起動）できるのですが、コマンドで安全にシステムを終了させた方が安心ですね。このようにメンテナンスで何度となく電源オフや再起動をさせる機会があるのなら、はじめから電源オフ機能を付けておくのがよいでしょう。

　3.1ではcurlコマンドを用いてNature RemoのAPIを操作しましたが、これをshutdownコマンドに差し替えればやりたいことができます。ただ、Raspberry Piの電源がオフになったかどうかはやや分かりにくいところがあるので、本当に命令が効いているのか、何らかのリアクションが欲しいですよね。というわけでついでにスピーカーにも接続して、電源オフの命令を受信後にまずリアクション音を鳴らしてからシャットダウン処理に入るようにしましょう。音声コマンドは「ラズパイ」として、「アレクサ、ラズパイをオフにして」と話しかけるイメージです。

3.3.1　用意するもの

図: アクティブスピーカー（フォンジャック端子の付いているもの）

3.3.2　スピーカーとの物理接続

フォンケーブルでRaspberry Piとアクティブスピーカーを接続します。

続いて、標準で入っているWAVファイルを再生してみます。

```
$ aplay /usr/share/sounds/alsa/Front_Center.wav
```

英語で「Front...Center...」という声が聞こえたらOKです。聞こえにくい場合はalsamixerコマンドで、音量を上げてみてください。

もしデフォルトのpiユーザーではない場合、権限不足でエラーが出ることがあります。この場合はsudoを付けてコマンド実行するか、ユーザーにaudio権限を付与する必要があります。

```
$ sudo adduser myuser audio
$ sudo chmod o+rw /dev/snd/*
```

このようにaudio権限を付けることで、sudo不要で再生が可能です。

3.3.3　シェルスクリプトの編集

3.1.4で登場したmacro.shのcase文に次の条件を追加します。

```
$ vi /home/pi/auto/macro.sh
```

リスト3.4: /home/pi/auto/macro.sh

```bash
#!/bin/bash

AUTO_HOME=/home/pi/auto

case $1 in

  light1)
    ${AUTO_HOME}/curl.sh hue_1
    ${AUTO_HOME}/curl.sh light_off
    ;;

  light2)
    ${AUTO_HOME}/curl.sh hue_2
    ${AUTO_HOME}/curl.sh light_off
    ;;

  light3)
    ${AUTO_HOME}/curl.sh light_on
    ${AUTO_HOME}/curl.sh hue_off
    ;;

  light_off)
    ${AUTO_HOME}/curl.sh light_off
    ${AUTO_HOME}/curl.sh hue_off
    ;;

  shutdown)                             #追加
    aplay ${AUTO_HOME}/sound/shutdown.wav  #追加
    sudo shutdown -h now                #追加
    ;;                                  #追加

esac
```

ここで使用しているWAVファイルはGithubから入手してください。

3.3.4 piユーザーにパスワードなしでシャットダウンを許可する

コードを見るとshutdownコマンドをsudoで実行することになりますが、このままだとpiユーザーで実行されているNode-REDがパスワードなしのままsudoを実行しようとしてエラーになります。これを防ぐために、piユーザーがシャットダウンするときに限りパスワードを必要としないように、

sudoersを編集してしまいます。

```
$ sudo visudo
```

最後の行に次を追加します。

リスト3.5: sudoersに行追加
```
pi ALL=NOPASSWD: /sbin/shutdown
```

一旦ログオフして、再ログインします。

3.3.5　AlexaとNode-REDの接続

Node-RED Alexa Home Skill Bridgeで「ラズパイ」という名前のデバイスを追加します。

図3.9: 「ラズパイ」デバイスの設定画面

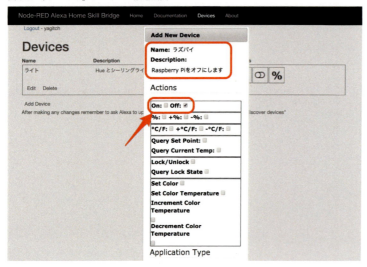

Name
ラズパイ
Description
Raspberry Piをオフにします
Actions
Offにチェックを入れる
Application Type
SWITCHにチェックを入れる

　続いて、Alexaアプリの「スマートホーム」画面で「デバイスの追加」をタップして「ラズパイ」デバイスを認識させます。（2.5で説明した内容と同じ要領です）

Node-RED上の接続は次のようにします。

図3.10: Node-REDの接続画面

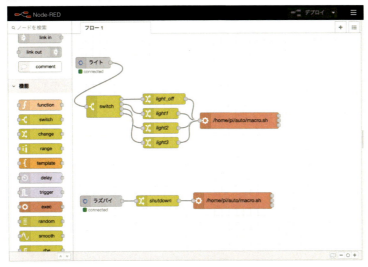

設定内容は3.1.5で説明したのと同じ要領で、ペイロードに「light〜」の代わりに「shutdown」を設定します。

これで「アレクサ、ラズパイをオフにして」でRaspberry Piはリアクション音を出した後にシャットダウンします。うまくいかない場合は「debug」ノードを接続してエラーメッセージを確認したり、権限設定を確認しましょう。

なお、これを応用すれば、Alexaに呼びかけるだけでRaspberry Pi上で任意のコマンドを実行できるようになります。shutdownの他にrebootを増やすもよし、curlコマンドを駆使して外部のAPIを叩きに行くもよし、さまざまに応用が利きます。

おまけ：Bluetoothスピーカーと接続する

スピーカーと接続したはいいのですが、Raspberry Piのアナログ音声出力は結構ノイズがひどいです。また、有線接続であることでRaspberry Piとスピーカーの配置場所に制限ができるのもよくないですね。ここはちょっとお金を出してBluetoothスピーカーを購入し、Raspberry Piと無線接続してみましょう。

動作確認にはエレコムのLBT-SPP20を使用しました。

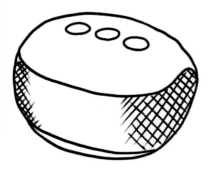

まずBluetoothのsystemdファイルを書き換えます。

```
$ sudo cp /lib/systemd/system/bluetooth.service /lib/systemd/system/bluetooth.service.bak
$ sudo sed -i 's|^ExecStart=/usr/lib/bluetooth/bluetoothd$|ExecStart=/usr/lib/bluetooth/bluetoothd --noplugin=sap|' /lib/systemd/system/bluetooth.service
```

bluealsaをインストールし、piユーザーに権限を付与し、再起動します。

```
$ sudo apt install bluealsa
$ sudo adduser pi bluetooth
$ sudo reboot
```

bluetoothctlを実行します。Bluetoothスピーカーを検知し、ペアリングします。スキャンから目的のデバイスの検出には3〜5分かかることもあります。デバイスの電源をオンオフするなどして試行錯誤してみてください。

```
$ bluetoothctl
[NEW] Controller B8:27:EB:XX:XX:XX raspi [default]
[bluetooth]# scan on
Discovery started
[CHG] Controller B8:27:EB:XX:XX:XX Discovering: yes
[NEW] Device 00:1A:7D:XX:XX:XX LBT-SPP20
[bluetooth]# scan off
[CHG] Controller B8:27:EB:XX:XX:XX Discovering: no
Discovery stopped
[bluetooth]# pair 00:1A:7D:XX:XX:XX
Attempting to pair with 00:1A:7D:XX:XX:XX
```

```
[CHG] Device 00:1A:7D:XX:XX:XX Connected: yes
[CHG] Device 00:1A:7D:XX:XX:XX UUIDs: 0000110b-0000-1000-8000-00805f9b34fb
[CHG] Device 00:1A:7D:XX:XX:XX UUIDs: 0000110c-0000-1000-8000-00805f9b34fb
[CHG] Device 00:1A:7D:XX:XX:XX UUIDs: 0000110e-0000-1000-8000-00805f9b34fb
[CHG] Device 00:1A:7D:XX:XX:XX ServicesResolved: yes
[CHG] Device 00:1A:7D:XX:XX:XX Paired: yes
Pairing successful
[CHG] Device 00:1A:7D:XX:XX:XX ServicesResolved: no
[CHG] Device 00:1A:7D:XX:XX:XX Connected: no
[bluetooth]# connect 00:1A:7D:XX:XX:XX
Attempting to connect to 00:1A:7D:XX:XX:XX
[CHG] Device 00:1A:7D:XX:XX:XX Connected: yes
Connection successful
[CHG] Device 00:1A:7D:XX:XX:XX ServicesResolved: yes
[LBT-SPP20]# trust 00:1A:7D:XX:XX:XX
[CHG] Device 00:1A:7D:XX:XX:XX Trusted: yes
Changing 00:1A:7D:XX:XX:XX trust succeeded
[LBT-SPP20]# quit
[DEL] Controller B8:27:EB:XX:XX:XX raspi [default]
```

この時点ではおそらく音量が最大に設定されているので、十分小さく設定し直します。

```
$ amixer -D bluealsa
Simple mixer control 'LBT-SPP20 - A2DP',0
  Capabilities: pvolume pswitch
  Playback channels: Front Left - Front Right
  Limits: Playback 0 - 127
  Mono:
  Front Left: Playback 127 [100%] [on]
  Front Right: Playback 127 [100%] [on]
$ amixer -D bluealsa sset "LBT-SPP20 - A2DP" 50%
Simple mixer control 'LBT-SPP20 - A2DP',0
  Capabilities: pvolume pswitch
  Playback channels: Front Left - Front Right
  Limits: Playback 0 - 127
  Mono:
  Front Left: Playback 64 [50%] [on]
  Front Right: Playback 64 [50%] [on]
```

テスト音声を再生してみます。DEV=の部分にはスピーカーのMACアドレスを指定します。

第3章　スマートホームを作る：応用編1　　61

```
$ aplay -D bluealsa:DEV=00:1A:7D:XX:XX:XX /usr/share/sounds/alsa/Front_
Center.wav
```

うまくスピーカーから音が出たら、設定ファイルを作成してデフォルトでBluetoothスピーカーを使用するようにします。

```
$ vi ~/.asoundrc
```

```
defaults.bluealsa.interface "hci0"
defaults.bluealsa.device "00:1A:7D:XX:XX:XX"
defaults.bluealsa.profile "a2dp"
```

これでMACアドレスをいちいち指定しなくてもテスト音声が再生されます。

```
$ aplay -D bluealsa /usr/share/sounds/alsa/Front_Center.wav
```

Raspberry Pi特有の問題として、再起動するたびに音量設定が最大になってしまうという謎挙動があります。本来なら保存されるはずなのですが、どこを探しても対策が見つからなかったので、起動の都度音量を再設定することで回避しようと思います。

```
$ vi /home/pi/auto/setup.sh
```

```
#!/bin/bash

AUTO_HOME=/home/pi/auto

sleep 20s
amixer -D bluealsa sset "LBT-SPP20 - A2DP" 50%
aplay -D bluealsa ${AUTO_HOME}/sound/start.wav
```

"LBT-SPP20 - A2DP"の部分はalsamixer -D bluealsaコマンドで表示されるスピーカー名を指定してください。スリープ時間はスピーカー接続タイミングに合わせて調節してください。

```
$ chmod +x /home/pi/auto/setup.sh
```

systemdに登録します。

62 　第3章　スマートホームを作る：応用編1

```
$ sudo vi /etc/systemd/system/auto_setup.service
```

```
[Unit]
Description = AUTO Setup Script
After=bluetooth.service sys-subsystem-bluetooth-devices-hci0.device
suspend.target
ConditionPathExists=/home/pi/auto

[Service]
ExecStart=/home/pi/auto/setup.sh
Type=oneshot
User=pi

[Install]
WantedBy=suspend.target
$ sudo systemctl start auto_setup
$ sudo systemctl enable auto_setup
$ sudo reboot
```

再起動が完了したら音が鳴り、音量が50%に再設定されます。

```
$ amixer -D bluealsa
Simple mixer control 'LBT-SPP20 - A2DP',0
  Capabilities: pvolume pswitch
  Playback channels: Front Left - Front Right
  Limits: Playback 0 - 127
  Mono:
  Front Left: Playback 64 [50%] [on]
  Front Right: Playback 64 [50%] [on]
```

確かに音量が50％になっていることを確認できたら完了です。

　なお、本書では簡略化のため、本節以降で紹介するスクリプトもすべて有線スピーカーでの接続として説明していますので、Bluetoothスピーカーをお持ちの方は状況に応じて改変してください。

3.4　外出時に電気を消す（外出中フラグを立てる）

　3.2では毎日決まった時間にシーリングライトからHueへと照明を切り替えるようにしました。し

第3章　スマートホームを作る：応用編1　63

かし毎日この時間に人がいるとは限りません。もし外出中にこれが動いてしまうと、消えていたはずの照明を付けることになり、とてもスマートとはいえません。

ですので在宅管理システムを作ることにします。在宅管理システムといっても簡単なものです。トリガーを引くと特定のディレクトリーに0バイトファイルを作成するというスクリプトを作成します。もう一度トリガーを引くとその0バイトファイルを削除します。これを帰宅時と外出時にトリガーすることにより、ファイルが存在する時にだけシステムは在宅中と見なしてスケジュール実行するという仕組みが完成します。外出中の場合はcronなどで起動した場合でも何もしません。ついでに外出時はトリガーで照明をOFFに、帰宅時はトリガーで照明をONにするようにしましょう。

3.4.1 AlexaとNode-REDの接続

Node-RED Alexa Home Skill Bridgeで「外出」という名前のデバイスを追加します。

図3.11:「外出」デバイスの設定画面

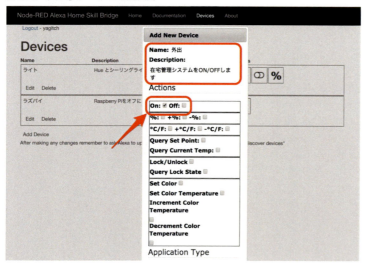

Name
外出
Description
在宅管理システムをON/OFFします
Actions
Onにチェックを入れる（ONが2回でOFFになるように作ります）
Application Type
SWITCHにチェックを入れる

次に、スマートフォンのAlexaアプリでもデバイスを追加します。「スマートホーム」画面で「デバイスを追加」をタップして「外出」を認識させます。（2.5で説明した内容と同じ要領です）

3.4.2 シェルスクリプトの作成

次のシェルスクリプトを作成します。MP3ファイル形式の効果音を再生したいのでmpg321もインストールしておきます。

```
$ sudo apt install mpg321
$ vi /home/pi/auto/home.sh
```

リスト3.9でやっていること
・起動される度に在宅→不在、不在→在宅の切り替えを行う（起動時にhome.touchというファイルの有無を確認し、なければ作成、あれば削除する）
・在宅→不在への切り替えの場合、照明をすべて消す
・不在→在宅への切り替えの場合、照明を点ける。ただし時間帯に応じてシーリングライトとHueを切り替える（21:00〜翌朝4:20まではHue、それ以外はシーリングライト）
・在宅→不在、不在→在宅でそれぞれ特有の動作確認音をさせ、切り替えを確認できるようにする

リスト3.9: /home/pi/auto/home.sh

```bash
#!/bin/bash

AUTO_HOME=/home/pi/auto

if [ -e ${AUTO_HOME}/home.touch ]
then

    #在宅状態なら不在状態に変える
    rm ${AUTO_HOME}/home.touch

    #照明を消す
    ${AUTO_HOME}/curl.sh "light_off"
    ${AUTO_HOME}/curl.sh "hue_off"

    #動作確認音を出す
    mpg321 ${AUTO_HOME}/sound/sp2.mp3

else

    #不在状態なら在宅状態に変える
    touch ${AUTO_HOME}/home.touch

    #照明を点ける
    NOW=`date +"%H%M"`
```

第3章　スマートホームを作る：応用編1　65

```
    if test ${NOW} -ge 0420 -a ${NOW} -lt 2100
    then
      ${AUTO_HOME}/curl.sh "light_on"
    else
      ${AUTO_HOME}/curl.sh "hue_on"
    fi


    #動作確認音を出す
    mpg321 ${AUTO_HOME}/sound/sp1.mp3

  fi
```

実行権限を付けます。

```
$ chmod +x /home/pi/auto/home.sh
```

3.4.3 Node-REDで接続

Node-RED上で、Alexaの「外出」デバイスとhome.shを接続します。

図3.12: Node-RED の接続画面

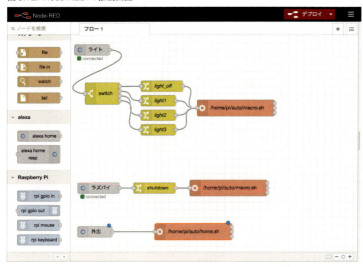

設定内容は3.1.5で説明したのと同じ要領ですが、今回は特に引数を渡す必要がないので、直結するだけです。

図3.13: alexa-homeノードの設定画面

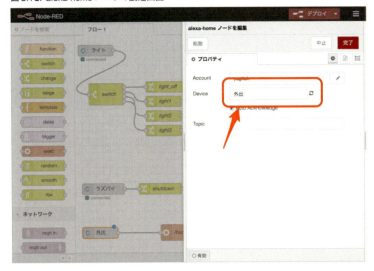

図3.14: execノードの設定画面

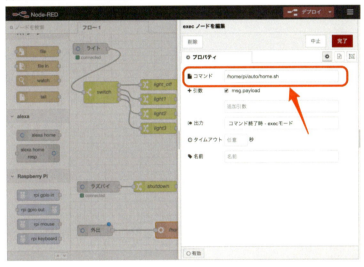

設定できたらデプロイします。

3.4.4　動作確認（home.sh）

「アレクサ、外出をオンにして」と話しかけます。動作確認音が聞こえたら、これでシステムは外出状態と認識しました。もう一度「アレクサ、外出をオンにして」と話しかけると、別の動作確認音がして、システムは在宅状態と認識します。これを何度か繰り返して、きちんと動作するか確認します。

第3章　スマートホームを作る：応用編1　67

3.4.5　在宅管理システムを照明に適用

この在宅管理システムではhome.touchファイルの有無で在宅状態を管理しています。3.2ではcronでmacro.shを呼び出していますが、home.touchファイルがなければ動作させ、あれば空振りするようにさせたいと思います。そのため、macro.shを次のように編集します。

```
$ vi /home/pi/auto/macro.sh
```

リスト3.10: /home/pi/auto/macro.sh

```bash
#!/bin/bash

AUTO_HOME=/home/pi/auto

case $1 in

  light1)
    if [ -e ${AUTO_HOME}/home.touch ]    #追加
    then                                 #追加
      ${AUTO_HOME}/curl.sh hue_1
      ${AUTO_HOME}/curl.sh light_off
    fi                                   #追加
    ;;

  light2)
    if [ -e ${AUTO_HOME}/home.touch ]    #追加
    then                                 #追加
      ${AUTO_HOME}/curl.sh hue_2
      ${AUTO_HOME}/curl.sh light_off
    fi                                   #追加
    ;;

  light3)
    if [ -e ${AUTO_HOME}/home.touch ]    #追加
    then                                 #追加
      ${AUTO_HOME}/curl.sh light_on
      ${AUTO_HOME}/curl.sh hue_off
    fi                                   #追加
    ;;

  light_off)
    ${AUTO_HOME}/curl.sh light_off
```

68　　第3章　スマートホームを作る：応用編1

```
    ${AUTO_HOME}/curl.sh hue_off
    ;;


  shutdown)
    aplay ${AUTO_HOME}/sound/shutdown.wav
    sudo shutdown -h now
    ;;


  esac
```

3.4.6 動作確認（macro.sh）

次のコマンドがそれぞれ、在宅状態と不在状態で動作が変わることを確認します。在宅状態では
これらのコマンドは照明の状態を変更しますが、不在状態では照明の状態を変更しません。

```
$ /home/pi/auto/macro.sh light1
$ /home/pi/auto/macro.sh light2
$ /home/pi/auto/macro.sh light3
```

最終的に、3.2で設定したcronにより、不在時には21時になっても照明が点かないことが確認で
きればOKです。

3.5　帰宅時に電気を付ける（Bluetoothポーリング）

3.4では外出中フラグを管理することで在宅か不在かをシステムに認識させるようにしました。こ
のトリガーは外出時も帰宅時も手動で行う必要がありますが、自動で検知してくれると素敵です
よね。

この節では手始めに、帰宅を自動検知する仕組みを作ってみることにします。ここで利用するの
はスマートフォンです。スマートフォンを私は常に持ち歩いているので、不在状態のときには常に
Raspberry PiからBluetoothポーリングさせて、もし応答したら帰宅したと自動で見なす仕組みを
作ります。気をつけなくてはいけないのは、不在状態に切り替わった時にいきなりポーリングを開
始してしまうと、まだ外出前でモタモタしているうちにシステムは帰宅したと見なしてしまうため、
外出後しばらく（＝家から十分に離れるまで）はポーリングを開始しないという時限式の仕組みに
する必要があるところです。

3.5.1 用意するもの

・Bluetoothが動作するスマートフォン（事前にBluetoothのMACアドレスとデバイス名を控えておく）

3.5.2 Bluetoothポーリングできるか確認

Raspberry Pi上からスマートフォンのBluetoothのMACアドレスに対してポーリングを実行します。XX:XX:XX:XX:XX:XXはお手持ちのスマートフォンのMACアドレスを入れてください。スマートフォンのデバイス名が返ってくれば成功です。

```
$ hcitool name XX:XX:XX:XX:XX:XX
iPhone
```

3.5.3 シェルスクリプトの作成

次のシェルスクリプトを作成します。

```
$ vi /home/pi/auto/bt_waiting.sh
```

リスト3.11でやっていること

- 外出がトリガーされた場合に一度だけ起動する。home.touchファイルがない状態（不在状態）になっていれば10秒毎にBluetoothポーリングを開始する
- 外出から30分以内にBluetooth端末を検知した場合はまだ外出していないので何もしない。引き続きポーリングを続ける
- 外出から30分以上経ってBluetooth端末を検知した場合は帰宅とみなして自動的に在宅状態にする。ポーリングを終了する

・万一検知できず手動で在宅状態になった場合は初期化してポーリングを終了する

リスト3.11: /home/pi/auto/bt_waiting.sh

```bash
#!/bin/bash

AUTO_HOME=/home/pi/auto
DEVNAME=devicename
DEVID=XX:XX:XX:XX:XX:XX

#不在の時だけ繰り返し実行
while [ ! -e ${AUTO_HOME}/home.touch ]
do
  RESULT=`hcitool name ${DEVID}`
  if [ "${RESULT}" = "${DEVNAME}" ]
  then
      #BTデバイスが存在する場合はbt.touchが存在しない状態にする
      if [ -e ${AUTO_HOME}/bt.touch ]
      then
        #bt.touchが30分以上前に作られている場合は帰宅と判定
        TIMESTAMP=`date -r ${AUTO_HOME}/bt.touch "+%Y%m%d%H%M%S"`
        NMINAGO=`date --date "30 min ago" "+%Y%m%d%H%M%S"`
        if [ ${TIMESTAMP} -le ${NMINAGO} ]
        then
          ${AUTO_HOME}/home.sh &
          # BTデバイス検出有り。帰宅と判定しました
        else
          :
          # BTデバイス検出有り。外出前と推測します(bt.touch作成済)
        fi
      else
        :
        # BTデバイス検出有り。外出前と推測します(bt.touch未作成)
      fi
  else
      #BTが存在しない場合はbt.touchが存在する状態にする
      if [ ! -e ${AUTO_HOME}/bt.touch ]
      then
        touch ${AUTO_HOME}/bt.touch
        # BTデバイス検出なし。bt.touchを作成しました
      else
        :
        # BTデバイス検出なし。bt.touchは既にあります
```

第3章　スマートホームを作る：応用編1 | 71

```
        fi
    fi
    sleep 10s
done

#bt.touchは削除する
rm ${AUTO_HOME}/bt.touch
```

DEVNAMEとDEVIDはお手持ちのスマートフォンのものに置き換えてください。
続いて、実行権限を付けます。

```
$ chmod +x /home/pi/auto/bt_waiting.sh
```

home.shに次の一行を追加します。（19行目）

リスト3.12: /home/pi/auto/home.sh

```
#!/bin/bash

AUTO_HOME=/home/pi/auto

if [ -e ${AUTO_HOME}/home.touch ]
then

    #在宅状態なら不在状態に変える
    rm ${AUTO_HOME}/home.touch

    #照明を消す
    ${AUTO_HOME}/curl.sh "light_off"
    ${AUTO_HOME}/curl.sh "hue_off"

    #動作確認音を出す
    mpg321 ${AUTO_HOME}/sound/sp2.mp3

    bash ${AUTO_HOME}/bt_waiting.sh &        #追加

else

... （省略） ...
```

72　　第3章　スマートホームを作る：応用編1

3.5.4 動作確認

「アレクサ、外出をオンにして」と言ってから、30分以上経って帰宅してみて、自動で照明が点くかどうかを確認してみましょう。スマートフォンのBluetooth機能をONにしておくのを忘れずに。成功したら、30分以内に帰宅してみて今度は照明が点かないことも確認します。確認しずらい場合はbt.touchファイルのタイムスタンプを手動で30分以上前にしてみたり、リミットの時間やポーリング間隔を調節してください。

これで帰宅時の自動検知ができるようになりました。本当は外出時も同様に自動検知したいのですが、我が家では次の理由から外出時は手動でトリガーを引く方が確実であると結論づけています。（個人的な事情です）

・外出時に照明・エアコンが確実にオフになっていることを目視で確認したい（不在の状態で誤作動することを避け、常に安全側に倒したい）
・メンテナンスなどの理由でスマートフォンのBluetoothをオフにすることがあるので、その場合は不在と認識して欲しくない
・我が家の場合、外出後リミットを30分としているため、30分以内に帰宅が見込まれる時は外出をトリガーしない等の柔軟な運用をしたい

ですので、完全自動化は皆さんの知恵にお任せすることにします。

3.6 リモコンでトリガーを引く（LIRCを使う）

第2章からここまで、トリガーはすべてAlexaを利用してきました。しかしAlexaに話しかけるよりリモコンの方が動作が速いこともあります。そもそも機械に話しかけるのが気恥ずかしい方もいると思います。

この節では赤外線リモコンの受信機をRaspberry Piに接続し、Alexaでトリガーしているものをすべて赤外線リモコンでできるようにしたいと思います。

3.6.1 用意するもの

・赤外線リモコン受信モジュール PL-IRM2121（38kHz）（※秋月電子で100円くらい。類似品 PL-IRM0101 や OSRB38C9AA でも可）
・ジャンパワイヤ（メス～メス）　色違いで3個
・赤外線リモコン（※学習させるので赤外線の出るリモコンなら何でもOK）

図 3.15: 用意するもの

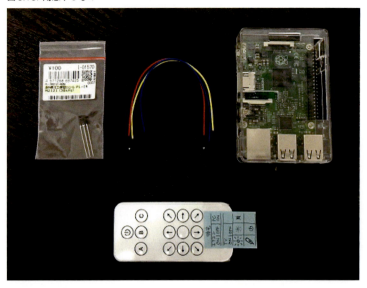

3.6.2 LIRC の導入

LIRC をインストールし、/etc/lirc/lirc_options.conf を編集します。

```
$ sudo apt install lirc
```

インストールが失敗する場合はコラムにあるとおりにコマンドを実行してください。

2019 年 11 月現在、最新 OS の Raspbian Buster の場合だと LIRC のインストールに失敗します。その場合は次のリストにあるコマンドを順番に実行して、パッチを当てて再ビルド・インストールする必要があります。

まずは apt で入れてしまったモジュールを削除します。

```
$ sudo apt remove liblirc0 liblircclient0 lirc
```

事前準備をします。

```
$ sudo su -c "grep '^deb ' /etc/apt/sources.list | sed 's/^deb/deb-src/g' > /etc/apt/sources.list.d/deb-src.list"
$ sudo apt update
$ sudo apt install devscripts
```

パッチを当てます。

```
$ sudo apt install dh-exec doxygen expect libasound2-dev libftdi1-dev
libsystemd-dev libudev-dev libusb-1.0-0-dev libusb-dev man2html-base
portaudio19-dev socat xsltproc python3-yaml dh-python libx11-dev python3-dev
python3-setuptools
$ mkdir build
$ cd build
$ apt source lirc
$ wget https://raw.githubusercontent.com/neuralassembly/raspi/master/lirc-
gpio-ir-0.10.patch
$ patch -p0 -i lirc-gpio-ir-0.10.patch
$ cd lirc-0.10.1
$ debuild -uc -us -b
$ cd ..
$ sudo apt install ./liblirc0_0.10.1-5.2_armhf.deb ./liblircclient0_0.10.
1-5.2_armhf.deb ./lirc_0.10.1-5.2_armhf.deb
```

これでパッチと再ビルド・再インストールは完了です。このパッチを適用した場合、後日 OS のアップデートにより
モジュールが意図しない形で更新されてしまうことがあります。そうした場合に備えて再インストールできるよう deb
ファイルを残しておくのが良いでしょう。

参考：https://www.raspberrypi.org/forums/viewtopic.php?t=235256

```
$ sudo cp /etc/lirc/lircd.conf.dist /etc/lirc/lircd.conf
$ sudo cp /etc/lirc/lirc_options.conf.dist /etc/lirc/lirc_options.conf
$ sudo vi /etc/lirc/lirc_options.conf
```

次の内容に変更します。（driver と device を変更する）

リスト3.13: /etc/lirc/lirc_options.conf

```
... （省略）...

[lircd]
nodaemon       = False
driver         = default
device         = /dev/lirc0

... （省略）...
```

/boot/config.txtを編集します。

第3章　スマートホームを作る：応用編1　75

```
$ sudo vi /boot/config.txt
```

次の内容に変更します。

リスト3.14: /boot/config.txt

```
... （省略）...

# Uncomment this to enable the lirc-rpi module
dtoverlay=lirc-rpi
dtparam=gpio_in_pin=22
dtoverlay=gpio-ir,gpio_pin=22

... （省略）...
```

再起動します。

```
$ sudo reboot
```

動作確認です。次のとおりgpio_ir_recvが認識されていればOKです。

```
$ lsmod | grep gpio_ir
gpio_ir_recv           16384  0
```

次のとおり/dev/lirc0が存在していればOKです。

```
$ ls -l /dev/lirc*
crw-rw---- 1 root video 243, 0 Sep 28 19:23 /dev/lirc0
```

3.6.3　GPIOに赤外線センサーを接続

接続は次のとおりにします。

図3.16: GPIO と赤外線センサーの接続図

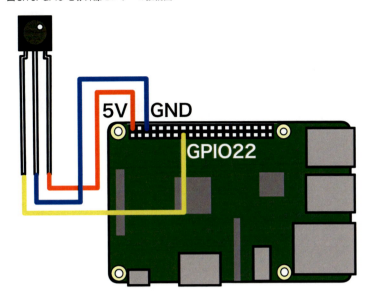

ここでは

・赤：5V（RasPi 側）⇔ Vcc（センサー側）

・青：GND（RasPi 側）⇔ GND（センサー側）

・黄：IO22（RasPi 側）⇔ Vout（センサー側）

で接続します。

これは PL-IRM2121 の場合です。他の赤外線センサーを使う場合は仕様書で使用可能な電圧と端子の並びをよく確認してください。

Raspberry Pi 側はこのような感じになります。左から赤、青、黄色です。

図 3.17: Raspberry Pi 側の接続状態

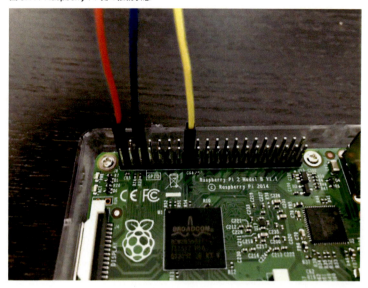

　赤外線センサー側はこのような感じになります。左から黄色、赤、青です。図では直結していますが、仮配線はブレッドボードを使う方がよいと思います。

図 3.18: 赤外線センサ側の接続状態

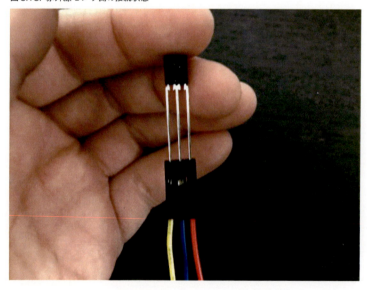

　配線を間違えるとセンサーは簡単におシャカになりますので注意してください。異常加熱して焦げ臭いニオイがします。（試行錯誤中に何度かやらかして買い直しました）

3.6.4　動作確認（赤外線センサーの接続確認）

　次のコマンドで赤外線信号の待機状態になります。

78　　第3章　スマートホームを作る：応用編1

```
$ sudo service lircd stop
$ sudo mode2 -d /dev/lirc0
```

　赤外線受信モジュールに向けて任意のリモコンのボタンを押すと、赤外線信号が認識されて次のようなデータがずらずらと出力されます。連打するとどんどん出てきます。個体によっては敏感すぎて、ボタンを押してもないのに信号認識されるものもあるので、そういう場合は違うものに取り替えてみてください。

```
$ sudo mode2 -d /dev/lirc0
space 2556471
pulse 1971
space 1000
pulse 5400
space 964
pulse 1542
```

　リモコン信号の送信に合わせて出力されているようなら接続は成功です。Ctrl+Cで終了します。

3.6.5　リモコンの学習

　リモコンを用意して、Raspberry Piに学習させていきます。私は秋月電子にたまたま売っていた300円のリモコンを使いましたが、ご家庭にある普通のリモコンの使わないボタンを流用してもよいと思います。

```
$ sudo irrecord -n -d /dev/lirc0
```

　Enterキーを2回押して、リモコン学習を開始します。
　学習したいリモコンのボタンを何度も押して学習します。複数のボタンを学習したい場合は、学習したいリモコンのボタンを何度も押してください。ボタンを押すたびに「.」が1個表示されるため、"Please keep on pressing buttons like described above."と表示されるまで、複数のボタンを押し続けます。"Please keep on pressing buttons like described above."が表示されたら、引き続きボタンを押し続けます。"Please enter the name for the next button"が表示されたら、登録したいボタン名をを入力してEnterを押します。
　登録したいリモコンボタンを押して、登録します。次のような画面が表示されます。

```
$ sudo irrecord -n -d /dev/lirc0
Running as regular user pi
Using driver default on device /dev/lirc0
irrecord: could not open logfile "/home/pi/.cache/irrecord.log"
irrecord: Permission denied
```

第3章　スマートホームを作る：応用編1　　79

```
irrecord -  application for recording IR-codes for usage with lirc
Copyright (C) 1998,1999 Christoph Bartelmus(lirc@bartelmus.de)

This program will record the signals from your remote control
and create a config file for lircd.

A proper config file for lircd is maybe the most vital part of this
package, so you should invest some time to create a working config
file. Although I put a good deal of effort in this program it is often
not possible to automatically recognize all features of a remote
control. Often short-comings of the receiver hardware make it nearly
impossible. If you have problems to create a config file READ THE
DOCUMENTATION at https://sf.net/p/lirc-remotes/wiki

If there already is a remote control of the same brand available at
http://sf.net/p/lirc-remotes you might want to try using such a
remote as a template. The config files already contains all
parameters of the protocol used by remotes of a certain brand and
knowing these parameters makes the job of this program much
easier. There are also template files for the most common protocols
available. Templates can be downloaded using irdb-get(1). You use a
template file by providing the path of the file as a command line
parameter.

Please take the time to finish the file as described in
https://sourceforge.net/p/lirc-remotes/wiki/Checklist/ an send it
to  <lirc@bartelmus.de> so it can be made available to others.

Press RETURN to continue.
<<Enter キーを押します>>

Checking for ambient light  creating too much disturbances.
Please don't press any buttons, just wait a few seconds...
<<何もせずに数秒待ちます>>

No significant noise (received 0 bytes)

Enter name of remote (only ascii, no spaces) :tv
<<リモコン名を入力します>>

Using test-hoge.lircd.conf as output filename

Now start pressing buttons on your remote control.

It is very important that you press many different buttons randomly
and hold them down for approximately one second. Each button should
generate at least one dot but never more than ten dots of output.
Don't stop pressing buttons until two lines of dots (2x80) have
been generated.

Press RETURN now to start recording.
```

80 | 第3章 スマートホームを作る：応用編1

```
<<学習したいリモコンキーを全て押します。押すたびにドットが表示されます>>
.........................................................................
......
Got gap (106116 us)}

Please keep on pressing buttons like described above.
<<学習したいリモコンキーを全て押します。押すたびにドットが表示されます>>
.........................................................................
.........................................................................
.............................................

Please enter the name for the next button (press <ENTER> to finish recording)
KEY_1<<任意のボタン名を入力して、Enter キーを押す>>

Now hold down button "KEY_1".
<<学習したいリモコンのボタンを押します>>

Please enter the name for the next button (press <ENTER> to finish recording)
KEY_2<<任意のボタン名を入力して、Enter キーを押す>>

Now hold down button "KEY_2".
<<学習したいリモコンのボタンを押します>>

Please enter the name for the next button (press <ENTER> to finish recording)
KEY_3<<任意のボタン名を入力して、Enter キーを押します>>

Now hold down button "KEY_3".
<<学習したいリモコンのボタンを押します>>

Please enter the name for the next button (press <ENTER> to finish recording)
<<追加で学習するボタンがない場合は、Enter キーを押して終了します>>
<<追加で学習するボタンがある場合は、名前を入力して、Enter キーを押します>>

Checking for toggle bit mask.
Please press an arbitrary button repeatedly as fast as possible.
Make sure you keep pressing the SAME button and that you DON'T HOLD
the button down!.
If you can't see any dots appear, wait a bit between button presses.

Press RETURN to continue.
<<学習したいリモコンの任意のボタンを押します>>

Cannot find any toggle mask.

Successfully written config file tv.lircd.conf
```

　もし失敗するようなら、コマンドにfオプション（RAW記録モードに変更）を付けて「sudo irrecord -n -f -d /dev/lirc0」で実行するとうまくいく場合があります。

　登録が終了すると、tv.lircd.confにはこのような内容が記録されます。

リスト3.15: tv.lircd.conf

```
begin remote

  name    tv
  bits          32
  flags SPACE_ENC|CONST_LENGTH
  eps           30
  aeps          100

  header      8986  4406
  one          621  1613
  zero         621   500
  ptrail       614
  repeat      9039  2192
  gap        106116
  toggle_bit_mask 0x0
  frequency    38000

    begin codes
        KEY_1                   0x30EE817E 0x7EE6627C
        KEY_2                   0x30EE41BE 0x7EE6627C
        KEY_3                   0x30EEC13E 0x7EE6627C
    end codes

end remote
```

この内容を LIRC の設定ファイル用ディレクトリーにコピーします。

```
$ sudo cp tv.lircd.conf /etc/lirc/lircd.conf.d/
```

3.6.6 動作確認（リモコン信号の記憶）

これで信号は記録されましたので認識されるか確認します。信号学習のときにサービスを停止しているので、次のコマンドで起動させます。

```
$ sudo service lircd restart
$ irsend LIST "" ""

devinput
tv
devinput
```

82　第3章　スマートホームを作る：応用編1

もしここでdevinputが二行出てきたら、初期状態で用意されているdevinput.lircd.confは削除してください。

```
$ sudo rm /etc/lirc/lircd.conf.d/devinput.lircd.conf
$ sudo service lircd restart
$ irsend LIST "" ""

tv
```

学習させたリモコンが設定として認識されているか確認します。

```
$ irsend LIST tv ""

0000000030ee817e KEY_1
0000000030ee41be KEY_2
0000000030eec13e KEY_3
```

設定が認識されて、反応しているか確認します。irwコマンド実行で待機状態になるので、学習させたリモコンのボタンを押して、反応があるかを見ます。確認が終わったらCtrl+Cで終了します。

```
$ irw
0000000000000001 00 KEY_1 tv
0000000000000001 00 KEY_1 tv
```

ボタンを押したときに実行するコマンドを指定します。

```
$ sudo cp /etc/lirc/irexec.lircrc.dist /etc/lirc/irexec.lircrc
$ sudo vi /etc/lirc/irexec.lircrc
```

/etc/lirc/irexec.lircrcの内容は次のようにします。buttonには先ほどirrecordで指定した名前を、configにはコマンドを入力します。

リスト3.16: /etc/lirc/irexec.lircrc

```
... (省略) ...
  begin
    prog = irexec
    button = KEY_1
    config = mpg321 /home/pi/auto/sound/test.mp3
  end
  begin
    prog = irexec
```

第3章 スマートホームを作る：応用編1 | 83

```
  button = KEY_2
  config = shutdown -h now
end
... (省略) ...
```

再起動します。

```
$ sudo service ircd restart
```

3.6.7　動作確認（記憶したリモコン信号でコマンド実行）

再起動後、リモコンのボタンを押して、期待したとおりにコマンドが実行されていれば成功です。

第4章　スマートホームを作る：応用編2

4.1　NFCでトリガーを引く

　3.6では赤外線リモコンでトリガー可能になりました。この調子でトリガーできる手段をさらに増やしていこうと思います。赤外線リモコンでの操作は便利ですが、もしかしたら動かないときがあるかもしれません。いざというときのためにNFCリーダーとNFCタグを使って、タッチで命令を伝えるという手段を加えてみましょう。

4.1.1　用意するもの

- ICカードリーダー SONY RC-S380
- サンワサプライNFCタグ（10枚入り）白 MM-NFCT（※ご家庭にあるSuicaなどのICカードでも代用できると思います）

図4.1: 用意するもの

　まずpython-usbとgitをインストールします。

```
$ sudo apt install python-usb git
```

　nfcpyを導入します。（2019年11月現在の最新安定版は0.11ですが、手元の環境では動作確認が取れなかったため0.10を入れています）

```
$ cd
$ git clone -b stable/0.10 https://git.launchpad.net/nfcpy
```

読み取り試験のためにNFCリーダーを接続します。

図4.2: NFC リーダーを接続したところ

次のコマンドでNFCリーダーを待ち受け状態にします。

```
$ sudo nfcpy/examples/tagtool.py
[nfc.clf] searching for reader on path usb
[nfc.clf] using SONY RC-S380/P NFC Port-100 v1.11 at usb:001:004
** waiting for a tag **
```

これで待ち受け状態になりました。
NFCタグをタッチします。

図 4.3: NFC タグをタッチしたところ

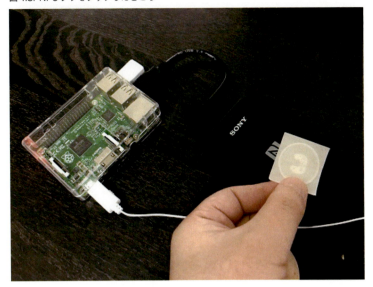

```
 ** waiting for a tag **
 Type2Tag 'NXP NTAG203' ID=0454FCXXXXXXXX
 NDEF Capabilities:
   readable  = yes
   writeable = yes
   capacity  = 137 byte
   message   = 0 byte
```

このように表示されたら成功です。"ID=0454FCXXXXXXXX" の部分がそのタグの固有 ID です。手元の PASMO で試してみると次のようになりました。

```
 ** waiting for a tag **
 Type3Tag 'FeliCa Standard (RC-S???)' ID=01120412XXXXXXXX PMM=100B4B42XXXXXXXX
SYS=0003
```

4.1.2 シェルスクリプトの作成

動作確認で使った tagtool.py を 5 秒に 1 回実行して、特定のタグを読み取ったら音を鳴らすシェルスクリプトを作成します。

```
$ vi /home/pi/auto/nfc_ready.sh
```

リスト 4.1: /home/pi/auto/nfc_ready.sh

```bash
#!/bin/bash

while :
do
  RESULT=`/home/pi/nfcpy/examples/tagtool.py`
  case $RESULT in
  *0454FCXXXXXXXX*)
    mpg321 /home/pi/auto/sound/test.mp3
    sleep 5s
    ;;
  esac
done
```

"0454FCXXXXXXXX"の部分はお手元のNFCタグのIDを指定してください。

実行権限を付与し、シェルスクリプトを実行して待ち受け状態にします。

```
$ chmod +x /home/pi/auto/nfc_ready.sh
$ sudo /home/pi/auto/nfc_ready.sh
```

4.1.3　動作確認

NFCタグをタッチして音が鳴れば成功です。確認が取れたらCtrl+Cでスクリプトを終了させます。

4.1.4　スクリプトの常時待ち受け

せっかくなので、常に実行されるようにsystemdに登録しましょう。

```
$ sudo vi /etc/systemd/system/nfc_ready.service
```

リスト 4.2: /etc/systemd/system/nfc_ready.service

```
[Unit]
Description=NFC Ready
After=local-fs.target
ConditionPathExists=/home/pi/auto

[Service]
Type=simple
ExecStart=/home/pi/auto/nfc_ready.sh
```

```
[Install]
WantedBy=multi-user.target
```

```
$ sudo systemctl start nfc_ready
$ sudo systemctl enable nfc_ready
```

ここまでできたら、音を鳴らす部分のコマンドを他のものに差し替えて動作するかいろいろ試してみましょう。

4.2　合成音声におしゃべりさせる（OpenJTalk を使う）

3.4では在宅管理システムを作りましたが、動作確認音だけがするのはどうにも味気ないものです。ここでは、合成音声を利用して「いってらっしゃい」「おかえりなさい」とRaspberry Piに喋らせるようにしようと思います。合成音声にはOpenJTalkを使用します。

4.2.1　シェルスクリプトの作成

まず、OpenJTalkパッケージなど一式をインストールします。

```
$ sudo apt install open-jtalk open-jtalk-mecab-naist-jdic htsengine
libhtsengine-dev hts-voice-nitech-jp-atr503-m001
```

次のシェルスクリプトを作成します。

```
$ vi /home/pi/auto/sound/jtalk.sh
```

リスト4.3: /home/pi/auto/sound/jtalk.sh

```
#!/bin/bash
HV=/usr/share/hts-voice/nitech-jp-atr503-m001/nitech_jp_atr503_m001.htsvoice

tempfile=`tempfile`
option="-m $HV \
  -s 16000 \
  -p 100 \
  -a 0.03 \
  -u 0.0 \
  -jm 1.0 \
  -jf 1.0 \
  -x /var/lib/mecab/dic/open-jtalk/naist-jdic \
  -ow $tempfile"
```

第4章　スマートホームを作る：応用編2　│　89

```
if [ -z "$1" ] ; then
  open_jtalk $option
else
  if [ -f "$1" ] ; then
    open_jtalk $option $1
  else
    echo "$1" | open_jtalk $option
  fi
fi

aplay -q $tempfile
rm $tempfile
```

実行権限を付けます。

```
$ chmod +x /home/pi/auto/sound/jtalk.sh
```

4.2.2 動作確認

「こんにちは」と喋らせてみます。

```
$ /home/pi/auto/sound/jtalk.sh こんにちは
```

　声が聞こえたら成功です。3.4で作成した/home/pi/auto/home.shの動作確認音の後に「おかえりなさい」「いってらっしゃい」としゃべるように入れておきましょう。

4.3　音声を使わずにAlexaを操作する（OpenJTalk の応用）

　Alexaの痒いところに手が届かないところとして、コマンドのスケジュール機能がないことがあります。目覚ましアラームはしてくれるのですが、このアラームをradikoに差し替えるようなことはできません。ラジオを聴くには都度「アレクサ、NHKラジオ第一（都市名）をかけて」などと話しかける必要があります。しかし私はラジオで目覚めたいのです。目覚めたら適当なところで「アレクサ、ストップ」と話しかけてラジオを止めたいのです。

　そこで、「アレクサ、NHKラジオ第一（都市名）をかけて」を合成音声でcron実行させることにします。Raspberry Pi → Alexaの操作をいったん音声にして受け渡すというまどろっこしいことになりますが、仕方ありません。

90　　第4章　スマートホームを作る：応用編2

```
$ vi /home/pi/auto/macro.sh
```

macro.shのcase文に次の部分を追加します。

リスト4.4: /home/pi/auto/macro.sh
```
alexa_nhk)
  if [ -e ${AUTO_HOME}/home.touch ]
  then
    COMMAND="アレクサ、NHKラジオ第一東京をかけて"
    ${AUTO_HOME}/sound/jtalk.sh "${COMMAND}"
  fi
  ;;
```

動かしてみます。Raspberry Piが「アレクサ、NHKラジオ第一東京をかけて」と喋りますので、Alexaデバイスがきちんと反応するか試してみましょう。音量が足りない場合はalsamixerコマンドで音量を調節してください。

```
$ /home/pi/auto/macro.sh alexa_nhk
```

うまく動いたらcronに追加します。

```
$ sudo crontab -e
```

リスト4.5: crontab
```
0  7  *  *  *  /home/pi/auto/macro.sh alexa_nhk
```

4.4 定時に気温・湿度を声でお知らせする（netatmo のデータ取得）

我が家にはnetatmo社のnetatmo weather stationというスマートセンサーがあり、温度や湿度のデータを日々記録しています。これを利用して、スケジュールされた時刻に気温と湿度を合成音声でお知らせしてくれるようにしてみましょう。夏場、外気温が下がってきたのに部屋のクーラーを付けっぱなしにするような事態や、冬場に湿度が下がっているのに気がつかないといったことを防ぐことができます。

4.4.1 netatmo connectの情報を取得

netatmo connect（https://dev.netatmo.com/）にログインして、CREATE AN APPからAPPを作成します。作成が完了するとClient idとClient secretが発行されますので、これを控えておきます。

第4章 スマートホームを作る：応用編2 | 91

図 4.4: netatmo connect の画面

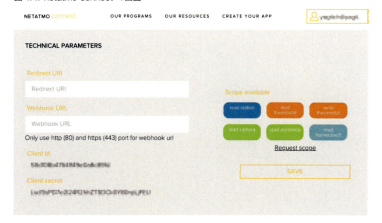

次の内容で API を叩きます。

```
$ curl -d "grant_type=password&client_id=[クライアントID]&client_secret=[クライアントシークレット]&username=[ユーザー名]&password=[パスワード]&scope=read_station" https://api.netatmo.net/oauth2/token
```

次の内容が返ってくるので、access_token 部分を取り出します。

```
{"access_token":"********","refresh_token":"********","scope":["read_station"],"expires_in":10800,"expire_in":10800}
```

取り出した access_token 部分を次のコマンドで実行します。

```
$ curl -d "access_token=********" https://api.netatmo.net/api/devicelist
```

けっこう長い結果が返ってきますが、main_device のところに weather station デバイスの MAC アドレスが入っているので、これを控えておきます。

```
{"body":{"modules":[{"_id":"00:00:00:00:00:00","date_setup":{"sec":1409629381,"usec":727000},"main_device":"xx:xx:xx:xx:xx:xx"...(中略)..."time_server":1441792678}
```

4.4.2 シェルスクリプトの作成

netatmo のセットアップが完了していれば、インターネットを通じてデータがアップロードされているので、次のシェルスクリプトでその情報を取得します。

```
$ sudo apt install jq
$ mkdir /home/pi/auto/netatmo
$ vi /home/pi/auto/netatmo/get.sh
```

リスト4.6: /home/pi/auto/netatmo/get.sh

```bash
#!/bin/bash

AUTO_HOME=/home/pi/auto

set +x
accountfile="${AUTO_HOME}/netatmo/account.json"
client_id=`jq -r ".client_id" $accountfile`
client_secret=`jq -r ".client_secret" $accountfile`
username=`jq -r ".username" $accountfile`
password=`jq -r ".password" $accountfile`
device_id=`jq -r ".device_id" $accountfile`
authurl="https://api.netatmo.net/oauth2/token"
tokenfile="${AUTO_HOME}/netatmo/token.json"
datafile="${AUTO_HOME}/netatmo/data.json"

if [ ! -f $tokenfile ]; then
    curl -s -d "grant_type=password&client_id=${client_id}&client_secret=
${client_secret}&username=${username}&password=${password}&scope=read_station"
"${authurl}" > ${tokenfile}
  fi
  atoken=`jq -r ".access_token" $tokenfile`
  rtoken=`jq -r ".refresh_token" $tokenfile`
  expiration=`jq -r ".expires_in" $tokenfile`

  filedate=`date +%Y-%m-%d_%H:%M:%S -r $tokenfile`
  filedate=${filedate/_/ }
  filedate=`date -d "$filedate" +%s`
  limittime=`expr $filedate + $expiration`
  currenttime=`date +%s`

  if [ $limittime -lt $currenttime ]; then
    curl -s -d "grant_type=refresh_token&refresh_token=${rtoken}&client_id=
${client_id}&client_secret=${client_secret}" "${authurl}" > $tokenfile
    atoken=`jq -r ".access_token" $tokenfile`
  fi
```

第4章　スマートホームを作る：応用編2 | 93

```
curl -s -d "access_token=${atoken}&device_id=${device_id}" \
  "https://api.netatmo.net/api/getstationsdata" > $datafile
extemp=`jq -r ".body.devices[0].modules[0].dashboard_data.Temperature"
$datafile`
exhumi=`jq -r ".body.devices[0].modules[0].dashboard_data.Humidity" $datafile`
intemp=`jq -r ".body.devices[0].dashboard_data.Temperature" $datafile`
inhumi=`jq -r ".body.devices[0].dashboard_data.Humidity" $datafile`
#pres=`jq -r ".body.devices[0].dashboard_data.Pressure" $datafile`
echo "気温の情報です がい気温 ${extemp}度 湿度 ${exhumi}パーセント 部屋の気温 ${intemp}
度 湿度 ${inhumi}パーセント 以上です"
```

実行権限を付けて、続いて認証情報を格納するJSONファイルも作成します。

```
$ chmod +x /home/pi/auto/netatmo/get.sh
$ vi /home/pi/auto/netatmo/account.json
```

ここには先ほど控えておいたClient idとClient secret、weather stationのMACアドレス（device_id）を設定します。

リスト4.7: /home/pi/auto/netatmo/account.json

```
{
    "client_id"    : "58d108b4****************",
    "client_secret": "LscfSsPD7e2***********************",
    "username"     : "example@example.com",
    "password"     : "****************",
    "device_id"    : "XX:XX:XX:XX:XX:XX"
}
```

スクリプトを起動すると結果が表示されます。（※「外気温」を「がい気温」としているのは、OpenJTalk が「そときおん」と読み上げてしまうことを防ぐためです）

```
$ /home/pi/auto/netatmo/get.sh
気温の情報です がい気温 20.1度 湿度 50パーセント 部屋の気温 25.5度 湿度 47パーセント 以
上です
```

もしパースなどでエラーが出る場合は同じディレクトリーに作成されたtoken.json（netatmo connectからの結果が格納されている）の中にエラーが設定されていないか確認してください。

```
$ vi /home/pi/auto/macro.sh
```

第4章　スマートホームを作る：応用編2

続いて、macro.shのcase文に次の部分を追加します。

リスト4.8: /home/pi/auto/macro.sh

```
weather)
  if [ -e ${AUTO_HOME}/home.touch ]
  then
    TEMPERTURE=`${AUTO_HOME}/netatmo/get.sh`
    ${AUTO_HOME}/sound/jtalk.sh "${TEMPERTURE}"
  fi
  ;;
```

実行すると気温と湿度を読み上げてくれます。けっこう流暢なのでビックリします。

```
$ /home/pi/auto/macro.sh weather
```

cronに次の行を追加します。

```
$ sudo crontab -e
```

リスト4.9: crontab

```
50 18  *  *  *  /home/pi/auto/macro.sh weather
```

4.5　毎日同じ時間に自動でカーテンを開ける

　我が家にはニトリで購入した電動カーテンレールがあります。この電動カーテンレールはリモコン式で、開けるとき用と閉めるとき用のふたつのボタンがあります。しかし残念ながらこのリモコンは赤外線式ではなく無線式のため、前述したNature Remoなどの学習式リモコンでは制御できません。そのため、リモコンのボタンを物理的に押してくれるデバイスを購入し、利用したいと思います。

　Wonderlabs社が扱っているSwitchbotシリーズは物理的にボタンを押してくれるデバイスです。Switchbotのシステムはインターネットやスマートフォンアプリからのトリガーを受けるハブ（親機）と、Bluetooth経由でハブからの命令を受けて動作するデバイス（子機）とがセットになっています。しかし、親機がなくてもRaspberry Piを親機代わりにして子機を動作することができます。また、子機だけを単体購入することもできます。ここは自由度の確保と初期費用の節約のために、子機だけを直接Raspberry Piで制御するやり方を取ることにしましょう。

　なお、自動でカーテンを開け閉めできるデバイスとして、株式会社ロビットの「mornin'」がよく知られていますが、こちらはあらかじめ指定された時間での開閉が前提になっていますので、条件

第4章　スマートホームを作る：応用編2　　95

を指定したりする複雑なトリガーには向いていません。私は後述する「日の出に合わせてカーテンを開ける」ことがしたかったので、本書にあるとおりニトリの電動カーテンレールを使った方法を採用しています。

4.5.1　用意するもの

・オーダー電動レールダブル（ER01）
・Switchbotスイッチ単品（※ハブは不要です）

電動カーテンレールを取り付け、手動操作で動くことを確認します。

4.5.2　Switchbotの導入

Switchbot公式のPythonスクリプトが公開[1]されているので、そちらを使用します。

```
$ sudo apt install python-pexpect libusb-dev libdbus-1-dev libglib2.0-dev libudev-dev libical-dev libreadline-dev python-pip
$ sudo pip install bluepy
$ git clone https://github.com/OpenWonderLabs/python-host.git
$ cd python-host
```

switchbot.pyを実行すると、Switchbotデバイスをスキャンしてくれます。私の環境ではスキャンの結果みつけられなかったので、次のとおりの結果になりました。本来ならばSwitchbotデバイスのMACアドレスが返ってきます。

---

[1] https://github.com/OpenWonderLabs/python-host

```
$ sudo python switchbot.py
Usage: "sudo python switchbot.py [mac_addr  cmd]" or "sudo python
switchbot.py"
Start scanning...
scan timeout
No SwitchBot nearby, exit
```

MACアドレスが返ってこない場合、bluetoothctlコマンドでBluetoothデバイスを検出してAPIが動作するデバイスをひとつひとつ試していく方法と、Switchbotのスマートフォンアプリ経由で検出して、そちらでMACアドレスを確認する方法があります。ここではSwitchbotのスマートフォンアプリを使ってみましょう。

図4.5: Switchbotアプリをインストールした直後の状態

下の空白部分に検出したデバイスが表示されるようになっていますが、まだ今の段階では表示されていません。

図4.6: Switchbotアプリがデバイスを検出した状態

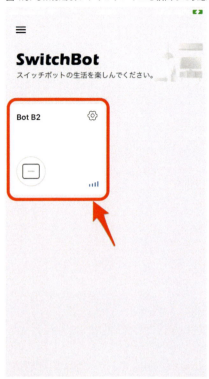

　Switchbotデバイスが通信可能な状態になっていれば、このように自動検出されます。デバイスを通信可能な状態にするには、工場出荷状態のデバイスに貼られている透明フィルム（絶縁シート）を引き抜いて電源を入れる必要があります。

　デバイスが検知されたら、デバイスの表示部分をタップします。

図 4.7: Switchbot デバイスの設定画面

右上に表示された「…」アイコンをタップします。

図4.8: MACアドレスが表示された画面

MACアドレスが表示されるので、メモします。

4.5.3 動作確認

次のコマンドを実行すると、デバイスが動作します。SwitchbotデバイスのMACアドレス部分には、前節でメモしておいたMACアドレスを使用します。

```
$ sudo python switchbot.py [SwitchbotデバイスのMACアドレス] Press
```

動作確認できたら、Switchbotデバイスを電動カーテンレールのリモコンに固定して、スイッチを押せるようにします。ひとまずひとつのSwitchbotデバイスしかない想定で、朝だけ自動でカーテンを開け、夕方は手動で閉めるようにしたいと思います。（ふたつあれば夕方も自動で閉められるようにして、完全に自動化できます）

図4.9: リモコンにデバイスを固定した状態

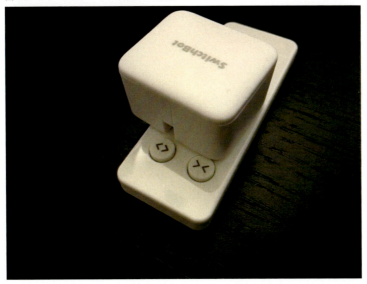

あとはcronで起床時間の前にswitchbot.pyを動作させるだけです。電動カーテンレールとRaspberry Piとリモコンは、Bluetoothの電波とリモコンの電波が両方届くよう互いに10メートル以内の場所に配置しましょう。

```
$ sudo crontab -e
```

リスト 4.10: crontab

```
0 7 * * * /home/pi/python-host/switchbot.py XX:XX:XX:XX:XX:XX Press
```

図 4.10: 電動カーテンレール動作中の状態

ここで紹介したニトリの電動カーテンレールのパワーはあまり強くありません。我が家の環境ではカーテンを極力軽くしているつもりですが、力不足で全体の半分ほどしか開けることができません。すでに買ってしまった物ですし、まったく開かないよりは随分マシなので仕方なく使っていますが、購入した値段分の価値はあまりないと思っています。ただ、世の中にはビルトイン型でしっかりと動作するタイプもありますし、おそらく同じようにリモコンを物理的に押すように作られていると思いますので、本書で紹介した内容を応用してご家庭の事情に合わせて頂ければと思います。

4.6 日の出の時刻に合わせて自動でカーテンを開ける

前節で一定の時刻に電動カーテンを動作させられるようになったので、これを毎日の日の出の時刻に合わせるようにしましょう。

リスト 4.11 でやっていること

・朝方と夕方に起動し、日の出または日の入り時刻が来るまで起動し続ける
・日の出または日の入り時刻が来ると音声ファイルを再生する
・日の出の時刻が来ると switchbot.py を実行する
・夜間だけ night.touch ファイルを配置する（現状特にこの機能は使っていない）

```
$ vi /home/pi/auto/night.sh
```

リスト4.11: /home/pi/auto/night.sh

```bash
#!/bin/bash

AUTO_HOME=/home/pi/auto
FILENAME=/home/pi/auto/sound/bell.mp3
MAC_ADDRESS=XX:XX:XX:XX:XX:XX
LATITUDE=35.685179
LONGITUDE=139.750610

YYYY=`date +%Y`
MM=`date +%m`
DD=`date +%d`

case $1 in

#夕方(1620-1910)
sunset)
  SUNSET=`curl "http://labs.bitmeister.jp/ohakon/api/?mode=sun_rise_set&year=
${YYYY}&month=${MM}&day=${DD}&lat=${LATITUDE}&lng=${LONGITUDE}" | grep sunset_hm
| cut -c 12-16 | sed -e s/://`

  while [ ! -e ${AUTO_HOME}/night.touch ]
  do
    NOW=`date +%H%M`
    if [ ${SUNSET} -le ${NOW} ]
    then
      touch ${AUTO_HOME}/night.touch
      mpg321 ${FILENAME}
    else
      :
    fi
    sleep 1m
  done
  ;;

#朝方(0420-0655)
sunrise)
  SUNRISE=`curl "http://labs.bitmeister.jp/ohakon/api/?mode=sun_rise_set&year=
${YYYY}&month=${MM}&day=${DD}&lat=${LATITUDE}&lng=${LONGITUDE}" | grep sunrise_hm
| cut -c 13-16 | sed -e s/:// -e s/^/0/`
```

```
  while [ -e ${AUTO_HOME}/night.touch ]
  do
    NOW=`date +%H%M`
    if [ ${SUNRISE} -le ${NOW} ]
    then
      rm ${AUTO_HOME}/night.touch
      mpg321 ${FILENAME}
      sudo python switchbot.py ${MAC_ADDRESS} Press
    else
      :
    fi
    sleep 1m
  done
  ;;

esac
```

　LATITUDE（経度）とLONGITUDE（緯度）はお住まいの地域で変えてください。MAC_ADDRESS
は前節でも使ったSwitchbotデバイスのMACアドレスを指定します。
　続いて実行権限を付けます。

```
$ chmod +x /home/pi/auto/night.sh
```

　あとはcronで朝方と夕方に実行するだけです。

```
$ sudo crontab -e
```

リスト4.12: crontab
```
20  4  *  *  * /home/pi/auto/night.sh sunrise
20 16  *  *  * /home/pi/auto/night.sh sunset
```

　起動時刻はお住まいの地域の、1年を通じてもっとも早い時刻よりも先になるように設定してく
ださい。
　できれば、日の出日の入りの待機中に本体再起動してしまった場合も正常動作するようにしたい
ので、3.3.5で作ったsetup.shを次のように変更します。

```
$ vi /home/pi/auto/setup.sh
```

104 　第4章　スマートホームを作る：応用編2

リスト4.13: /home/pi/auto/setup.sh

```bash
#!/bin/bash

AUTO_HOME=/home/pi/auto

NOW=`date +%H%M`
if [ -e ${AUTO_HOME}/night.touch -a ${NOW} -le "0700" -a ${NOW} -ge "0420" ]
then
    ${AUTO_HOME}/night.sh sunrise &
elif [ ! -e ${AUTO_HOME}/night.touch -a ${NOW} -le "1910" -a ${NOW} -ge "1620"
]
then
    ${AUTO_HOME}/night.sh sunset &
fi

sleep 20s
amixer -D bluealsa sset "LBT-SPP20 - A2DP" 50%
aplay -D bluealsa ${AUTO_HOME}/sound/start.wav
```

4.7 夜7時になるとNHKニュースを流す

4.3ではAlexaのradikoを定時に再生するようにしましたが、単に再生するだけならRaspberry Pi
で完結させることも可能です。また、同じ仕組みを利用してAlexaでは再生できない特定のインター
ネットラジオ局を再生することも可能です。

4.7.1 シェルスクリプトの作成

mplayerパッケージをインストールします。

```
$ sudo apt install mplayer
```

次のシェルスクリプトを作成し、実行権限を付けます。

```
$ vi /home/pi/auto/radio.sh
```

リスト4.14: /home/pi/auto/radio.sh

```bash
#!/bin/bash

pkill -f mplayer
```

第4章　スマートホームを作る：応用編2　105

```
case $1 in

nhkr1)
  URL="http://nhkradioakr1-i.akamaihd.net/hls/live/511633/1-r1/1-r1-01.m3u8"
  ;;

ajazz)
  URL="http://94.23.201.38:8020/;"
  ;;

relax)
  URL="http://philae.shoutca.st:9019/stream"
  ;;

esac

mplayer -really-quiet -quiet ${URL} &
```

　URLは公開されているものではないので、変更される可能性があります。全国の各放送局のURLはNHKにある設定ファイル XML[2]を参照してください。
　実行権限を付けます。

```
$ chmod +x /home/pi/auto/radio.sh
```

4.7.2　動作確認

　シェルスクリプトを起動すると、NHKラジオが流れ始めます。

```
$ /home/pi/auto/radio.sh nhkr1
```

バックグラウンドで再生されるので、停止するときは次のコマンドを使います。

```
$ pkill -f mplayer
```

同様に、Jazzチャンネルやリラックス音楽チャンネルも再生してみます。

2.http://www.nhk.or.jp/radio/config/config_web.xml

```
$ /home/pi/auto/radio.sh ajazz
$ pkill -f mplayer
$ /home/pi/auto/radio.sh relax
$ pkill -f mplayer
```

4.7.3 cron への登録

```
$ vi /home/pi/auto/macro.sh
```

macro.sh の case 文に次の行を追加します。

リスト4.15: /home/pi/auto/macro.sh

```
nhkr1_on)
  if [ -e ${AUTO_HOME}/home.touch ]
  then
    ${AUTO_HOME}/radio.sh nhkr1
  fi
  ;;

ajazz_on)
  if [ -e ${AUTO_HOME}/home.touch ]
  then
    ${AUTO_HOME}/radio.sh ajazz
  fi
  ;;

relax_on)
  if [ -e ${AUTO_HOME}/home.touch ]
  then
    ${AUTO_HOME}/radio.sh relax
  fi
  ;;

radio_off)
  pkill -f mplayer
  ;;
```

cronに登録します。ここでは夜7時のニュースを再生するようにしています。夜7時30分に番組が終了するので、自動で再生も終了させます。

```
$ sudo crontab -e
```

リスト4.16: crontab
```
 0 19 * * * /home/pi/auto/macro.sh nhkr1_on
30 19 * * * /home/pi/auto/macro.sh radio_off
```

指定した時間に流れることが確認できればOKです。

また、3.6を参考に赤外線リモコンに割り当ててやるのもよいでしょう。

4.8　Webスクレイピングをして大気汚染情報を教えてもらう（Pythonライブラリを活用する）

　ここまでは主にシェルスクリプトを基本にしてきましたが、もっと応用力を付けるためにPythonライブラリを活用したWebスクレイピングを行ってみましょう。環境省が公開している大気汚染物質広域監視システム（そらまめ君）のサイトをWebスクレイピングして、毎朝8時にPM2.5の数値をチェックして汚染度が高いときだけその観測値を教えてもらうようにします。

図4.11: そらまめ君のWebサイト

```
$ sudo apt install python3-pip
$ pip3 install requests
$ pip3 install beautifulsoup4
$ vi /home/pi/auto/pm25.py
```

リスト4.17: /home/pi/auto/pm25.py

```python
#!/usr/bin/env python3
import subprocess
import requests
from bs4 import BeautifulSoup

# 東京都千代田区の観測局から情報を取得する
r = requests.get("http://soramame.taiki.go.jp/mobile/DataListHyou.php?
MstCode=13101010")
s = BeautifulSoup(r.content,'html.parser')

def talk(words):
    subprocess.call(['/home/pi/auto/sound/jtalk.sh',words])

# 最新のPM2.5の測定値を取得する
table = s.find_all('table')
rows  = table[0].find_all('tr')
cells = rows[4].find_all('td')
latest_pm25 = cells[14].get_text()
try:
    pm25 = int(latest_pm25)
    if int(pm25) >= 36:
        talk("PM2.5に注意してください。最新の測定値は1立方メートルあたり",pm25,"マイクロ
グラムです")
    else:
        talk("PM2.5の心配はありません")
except ValueError:
    talk("PM2.5のデータが欠測しています")
```

　このPythonスクリプトでは測定値の取得と汚染度の判定までを行い、喋る部分は4.2で作成した
OpenJTalkのスクリプトを使っています。やっていることは4.4で行った気温と湿度の取得とほぼ同
じですが、シェルスクリプトで無理やり取得しているのではなくWebスクレイピング用のPython
ライブラリを使用しているためスクリプトの行数は少なく済んでいます。
　実行権限を付けて、実行してみましょう。

第4章　スマートホームを作る：応用編2 ┃ 109

```
$ chmod +x /home/pi/auto/pm25.py
$ /home/pi/auto/pm25.py
```

「PM2.5の心配はありません」または「PM2.5に注意してください」と教えてくれます。

スクリプト中にあるURL内に測定局のIDが含まれており、それを差し替えることで日本全国どの測定局のデータにも応用することができます。測定局IDと測定局ごとのURLは次のURLで検索することができます。

http://soramame.taiki.go.jp/mobile/DataListSel.php

図 4.12: 測定局ごとの測定値一覧ページ

4.9 Webスクレイピングをしてバスの接近情報を教えてもらう

前節に引き続きWebスクレイピングの活用です。今度は都営バスのサイトからバスの接近情報を取得できるようにしましょう。いま銀座四丁目バス停の近くにいると仮定して、東京駅丸の内南口行（都04系統）のバスがもうすぐ来る予定かどうかを音声で教えてもらいます。このように外出の支度で急いでいるときなどには、音声で知らせてもらえるのはとてもありがたいものです。

```
$ vi /home/pi/auto/tobus.py
```

リスト4.18: /home/pi/auto/tobus.py

```python
#!/usr/bin/env python3
import subprocess
import requests
from bs4 import BeautifulSoup

# 銀座四丁目バス停の車両接近情報ページを取得する
r = requests.get("https://tobus.jp/blsys/navi?VCD=cslst&ECD=NEXT&LCD=&func=
fap&method=msl&syl=&slst=448&slrsp=")
s = BeautifulSoup(r.content,'html.parser')

def talk(words):
    subprocess.call(['/home/pi/auto/sound/jtalk.sh',words])


table = s.find_all('table',{"class":"appListTbl"})

# 東京駅丸の内南口行（都04系統）の接近情報を取得する
rows  = table[1].find_all('tr')
cells = rows[0].find_all('td')
words = ""
for cell in cells:
    if cell.get_text().strip():
        words += cell.get_text().replace('待', '待ちです。')
if words:
    talk(words)
else:
    talk("接近中のバスはありません")
```

実行権限を付けて、まずはコマンドラインで実行してみます。

```
$ chmod +x /home/pi/auto/tobus.py
$ /home/pi/auto/tobus.py
```

「接近中のバスはありません」または「東京駅丸の内南口行03分待ちです」などとお知らせしてくれます。これに加えて前述のNode-RED Alexa Home Skill Bridgeを使用して、音声コマンドで起動できるようにすれば急いでいるときに手や視界が塞がることもなく情報だけが得られるので便利です。

第4章　スマートホームを作る：応用編2　　111

おわりに

『Raspberry PiではじめるDIYスマートホーム』を最後までお読みいただき、ありがとうございます。

本書では私の持っているスマートホームのノウハウをすべて紹介しました。すぐできるような簡単なものも、ちょっとややこしいものもあったと思います。「こんなの、スマートホームっていうまでもないじゃないか！ コマンドひとつ知ってたら誰でもできるよ」なんて思うようなものもあえて混ぜています。

そうなんです。誰でもできる小さなTipsの積み重ねがDIYスマートホームの真髄です。重要なのは、自動化したいと思うニーズに自分で気付き、ひとつひとつ実現していくことです。貴方が本書を読んで「スマートホームの自作って思ったよりチョロいな」と興味が湧いたのであれば、著者としてこれ以上の喜びはありません。

本書で取り上げたのは、私が4年間スマートホームのシステムを運用して、そのうちに気がついた私の考えるもっとも便利な形です。ここにはマーケティングのために加えられたドヤ顔するためだけの無意味な機能はありません。限られた予算で、生活を楽にすることだけを考えた結果が本書です。そしておそらく貴方の家では事情が違うでしょうし、違った最適解があるでしょう。そこを埋めるのは貴方自身です。本書で取り上げた例の数々が貴方にインスピレーションを与え、日常生活をより豊かにすることに繋がればと願っています。

謝辞

インプレスR&D社の山城さんとスタッフのみなさんに感謝を捧げます。ひとりぼっちで書き、頒布していた私に声をかけていただき、商業出版の場という貴重な機会をいただきました。多くの人の力を合わせて、今までより多くの人へとお届けできることをとても幸せに思っています。

本書は技術書典7で頒布した同人誌『Raspberry PiではじめるDIYスマートホーム 第2版』をベースにしています。この同人誌の第1版は私にとってはじめてとなる本であり、執筆・頒布ともに貴重な経験を得られたとても思い出深いものです。同人誌としての頒布の際は多くの人に手に取っていただき、第1版から第2版、第2版から商業版へとパワーアップさせるための原動力となりました。この場を借りて皆さんに感謝申し上げます。

著者紹介

yagitch（やぎっち）

元システムエンジニア。エンジニア仲間に流されてPhilips Hueを買って以来、自宅をスマートホーム化することに血道を上げるようになる。SonyのHUISやFitbit、Oculusなど、出たばかりで誰も注目していなかったデバイスを先んじて試して人に勧めるのが趣味。2015年より創作系同人活動、2018年より技術系同人活動を始めて現在に至る。Twitter：@yagitch

◎本書スタッフ
アートディレクター/装丁：岡田章志＋GY
編集協力：深水 央
デジタル編集：栗原 翔

技術の泉シリーズ・刊行によせて
技術者の知見のアウトプットである技術同人誌は、急速に認知度を高めています。インプレスR&Dは国内最大級の即売会「技術書典」（https://techbookfest.org/）で頒布された技術同人誌を底本とした商業書籍を2016年より刊行し、これらを中心とした『技術書典シリーズ』を展開してきました。2019年4月、より幅広い技術同人誌を対象とし、最新の知見を発信するために『技術の泉シリーズ』へリニューアルしました。今後は「技術書典」をはじめとした各種即売会や、勉強会・LT会などで頒布された技術同人誌を底本とした商業書籍を刊行し、技術同人誌の普及と発展に貢献することを目指します。エンジニアの"知の結晶"である技術同人誌の世界に、より多くの方が触れていただくきっかけになれば幸いです。

株式会社インプレスR&D
技術の泉シリーズ　編集長　山城 敬

●お断り
掲載したURLは2019年11月1日現在のものです。サイトの都合で変更されることがあります。また、電子版ではURLにハイパーリンクを設定していますが、端末やビューアー、リンク先のファイルタイプによっては表示されないことがあります。あらかじめご了承ください。
●本書の内容についてのお問い合わせ先
株式会社インプレスR&D　メール窓口
np-info@impress.co.jp
件名に『本書名』問い合わせ係」と明記してお送りください。
電話やFAX、郵便でのご質問にはお答えできません。返信までには、しばらくお時間をいただく場合があります。
なお、本書の範囲を超えるご質問にはお答えしかねますので、あらかじめご了承ください。
また、本書の内容についてはNextPublishingオフィシャルWebサイトにて情報を公開しております。
https://nextpublishing.jp/

●落丁・乱丁本はお手数ですが、インプレスカスタマーセンターまでお送りください。送料弊社負担にてお取り替えさせていただきます。但し、古書店で購入されたものについてはお取り替えできません。
■読者の窓口
インプレスカスタマーセンター
〒101-0051
東京都千代田区神田神保町一丁目105番地
TEL 03-6837-5016／FAX 03-6837-5023
info@impress.co.jp
■書店／販売店のご注文窓口
株式会社インプレス受注センター
TEL 048-449-8040／FAX 048-449-8041

技術の泉シリーズ
Raspberry PiではじめるDIYスマートホーム

2019年12月20日　初版発行Ver.1.0（PDF版）

著　者　yagitch
編集人　山城 敬
発行人　井芹 昌信
発　行　株式会社インプレスR&D
　　　　〒101-0051
　　　　東京都千代田区神田神保町一丁目105番地
　　　　https://nextpublishing.jp/
発　売　株式会社インプレス
　　　　〒101-0051　東京都千代田区神田神保町一丁目105番地

●本書は著作権法上の保護を受けています。本書の一部あるいは全部について株式会社インプレスR&Dから文書による許諾を得ずに、いかなる方法においても無断で複写、複製することは禁じられています。

©2019 yagitch. All rights reserved.
印刷・製本　京葉流通倉庫株式会社
Printed in Japan

ISBN978-4-8443-7831-0

NextPublishing®

●本書はNextPublishingメソッドによって発行されています。
NextPublishingメソッドは株式会社インプレスR&Dが開発した、電子書籍と印刷書籍を同時発行できるデジタルファースト型の新出版方式です。https://nextpublishing.jp